KB035360

지구인들을 위한
진리 탐구

지구인들을 위한 진리 탐구

일러두기

1 물리학자(오구리 히로시)와 불교학자(사사키 시즈카)의 대화 중,
B는 Buddhism의 줄임명으로 사사키가 한 말을 나타내고,
P는 Physics로 오구리가 한 말이다.

2 각주는 옮긴이가 더했다.

우주물리학과
불교가

서로를 알아가는
대화

물리학자 오구리 히로시×불교학자 사사키 시즈카 | 곽범신 옮김

진리 탐구

지구인들을 위한

Denstory

서문 

마음의 가림막을 벗겨내는 행위

불교와 물리학의 접점, 사사키 시즈카

인간은 편견과 선입관을 안고 태어난다

이렇게 세계에서 손꼽는 이론물리학자와 대화를 나눌 기회를 얻게 되어 대단히 기쁘게 생각합니다. 오구리 히로시 선생님이 연구하고 계신 초끈이론superstring theory은 현대물리학의 최첨단을 달리는 분야라 해도 과언이 아닙니다.

그런 물리학자와 저 같은 불교학자 사이에서 어떤 대화가 오고 갈까요? 과학과 종교는 흔히 물과 기름처럼 서로 섞이지 않는 관계로 여겨지고 있으니 이 대화 자체에 의문을 품는 사람도 많으리라 봅니다. 대립만 이어질 뿐이지 과연 대화가 성립하겠느냐며 걱정하는 사람도 있지 않을까요.

그러니 저부터 먼저 불교와 과학의 접점에 대해 간단히 말해보도록 하겠습니다. 불교라 하면 단 두 글자에 불과하지만, 그 안에 깃든 내용은 2500년에 이르는 역사 속에서 크게 변용해왔습니다. 일본의 불교는 모두 대승불교(大乘佛教)라고 불리는 종파로, 이는 석가가 창시한 불교와 근본적으로 다릅니다.

석가의 불교에서 어떻게 대승불교가 태어났는지는 차차 설명하겠습니다만, 제가 이 책에서 주로 논할 내용은 석가의 가르침이라는 관점에서 보는 불교입니다. 따라서 제가 이 대화에서 별다른 설명 없이 언급하는 불교란 기본적으로 석가의 시대에 생겨난 불교를 지칭한다고 보면 되겠습니다. 당연한 일이겠으나 불교의 기본에는 석가 자신의 세계관이 담겨 있습니다. 그러므로 불교를 논하는 데 그 세계관을 빼놓을 수는 없겠지요.

석가는 이렇게 생각했습니다. '우리들 인간은 스스로를 뛰어난 지성을 지닌 생명체라 여기지만, 인간의 내면에는 처음부터 편견과 선입관이 새겨져 있다'고 말이지요. 이는 날 때부터 갖춘 성질이니 인간에게 책임을 지울 수는 없습니다. 인간이라는 생명체에게는 그것이 생리적으로 자연스러운 모습이라는 뜻입니다.

물론 그렇다고 해서 이를 그대로 내버려둘 수는 없는 노릇입니다. 편견과 선입관은 우리 자신을 옥죄는 수갑과 족쇄가 되기 때문입니다. 인간은 자신의 주변 세계를 일그러진 형태로 비추는 장치를 내면에 갖추고 태어나기에 만물을 바르게 바라보지 못합니다. 석가는 이를 고통을 낳는 근본적인 원인이라고 말합니다.

그렇다면 어떻게 해야 할까요? 고통에서 벗어나려면 스스로의 힘으로 편견이라는 가림막을 걷어내고 세상을 바르게 바라보아야 합니다. 이것이 불교의 가장 큰 목적입니다. 자신이 살아가야 할 방향성을 찾으려면 우선 세상을 바르게 바라보아야 합니다.

우주는 나를 중심으로 돌아가지 않는다

그렇다면 인간은 태어나면서 어떤 편견과 선입관을 받아들이게 될까요? 가장 깊게 뿌리내린 믿음은 '우주의 중심에 내가 있다'는 생각입니다. 자신이 우주의 중심이며 세상은 그 주변에 동심원 형태로 펼쳐져 있다는 믿음이지요. 실제로 눈에 들어오는 풍경이 그러하니 지극히 자연스러운 발상입니다. 그렇기 때문에 우리들은 자신이 있는 중심부를 가장 농밀한 세계로 여기고, 그로부터 멀어질수록 세상은 점점 옅어진다고 상상하는 경향이 있습니다. 세계는 나를 중심으로 돌고 있다는 세계관이지요. 하지만 세상을 잘 들여다보면 그러한 생각은 착각에 불과하다는 사실을 알게 됩니다. 우주의 중심이 자신일 리 없는데도 어째서인지 우리들은 자신이 중심이라는 착각을 품고 맙니다. 그리고 그러한 편견을 토대로 자신의 세계관을 구축하게 됩니다. 고통은 바로 여기서부터 시작됩니다.

그렇게 뿌리내린 생각을 자력으로 끊어내기 위한 훈련법을 알려주는 것이 바로 불교입니다. 여기서 과학과의 접점을 찾아볼 수 있지요.

자신을 우주의 중심으로 여기는 세계관이라면 누구나 천동설을 먼저 떠올리지 않을까요. 밤하늘을 우러러보면 무수히 많은 천체가 회전하는 것처럼 보이니 천동설은 지극히 자연스러운 믿음이었습니다. 설령 현대인이라도 아무런 지식 없이 밤하늘을 바라보면 우리들이 사는 지구를 우주의 중심으로 생각하겠지요.

하지만 과학은 그 착각을 걷어내고 지동설에 도달했습니다. 물론 처음에는 지동설에도 행성의 궤도를 완벽한 원으로 간주하는 그릇된 믿음이 존재했지만, 그 또한 후대의 연구를 통해 개선되었습니다.

이렇듯 과학은 우리들 인간이 당연하게 믿어온 세계관을 하나하나 바꿔나가고 있습니다. 특히 아이작 뉴턴 이후로 근대과학은 인간이 세상에 대해 품고 있던 착각과 그릇된 믿음을 한 장씩 걷어냄으로써 우리들이 상상조차 못 했던 세상의 참된 모습을 밝혀주었습니다.

예를 들어 알베르트 아인슈타인은 상대성이론을 통해 세상에는 절대적 공간과 절대적 시간이 존재한다는 인간의 착각을 깨뜨렸습니다. 상대성이론의 강렬한 충격은 발표된 지 100년이 지난 지금까지도 여전히 사람들의 선입관을 뒤흔들고 있지요.

거의 같은 시기에 등장한 양자이론 역시 충격으로 따지자면 상대성이론 못지않습니다. 우리들 인간은 자신이 보고 있지 않을 때도 보고 있을 때와 같은 세계가 계속된다고 믿어왔지만 양자이론을 통해 그 믿음을 버려야만 했습니다. 자세한 이야기는 오구리 선생님에게 양보하겠습니다만, 21세기의 현대물리학은 다양한 형태로 인간의 착각을 걷어내고 세계를 바르게 바라보는 방법을 알려주고 있습니다.

석가와 물리학이 알려주는 '세계를 바라보는 올바른 방법'

솔직하게 고백하자면 저는 상대성이론과 양자이론이 현대물리학의 최첨단이며 그 이후로 새로이 밝혀진 사실은 아무것도 없다고 여겨왔습니다. 하지만 그러한 생각 역시 저라는 인간의 선입관에 불과했던 모양입니다. 오구리 선생님이 연구하고 계신 초끈이론에 대해 알게 된 이후, 21세기의 물리학은 이미 전혀 새로운 세계를 개척하고 있다는 사실을 깨달았습니다. 그렇기 때문에 오구리 선생님과 이렇게 대화를 나누게 되었다는 사실은 제게 더할 나위 없는 기쁨입니다.

아직 가설에 불과한 이론도 많겠지만 그 연구가 어떻게 진전될지 무척이나 기대가 됩니다. 석가가 행하려던 일이 물리학적으로 점차 실증되어간다는 느낌이 들기 때문이지요.

석가의 생각을 뭇사람이 이해할 수 있도록 명확하게 표현하기란 어려운 일입니다. 석가의 사상은 사람의 정신에 초점이 맞춰져 있으니까요. 그에 비해 물리학의 세계에는 숫자라는 명확한 언어가 있습니다. 감각적으로는 받아들이기 어려운 사실이라 해도 숫자라는 객관적인 언어로 표현하면 누구든 인정하지 않을 수 없습니다.

게다가 석가는 세상의 진리를 마음의 문제로 언급했지만 물리학은 전 우주의 문제로 진리를 논합니다. 이를 통해 우리들의 편견이 사라진다면 앞으로는 세상의 참된 모습이 우리 눈앞에 펼쳐질 테지요. 불교인에게 이보다 기쁜 일이 또 있을까요.

세상의 올바른 모습을 비춰준다는 의미에서 보자면 현대물리학의 흐름과 석가의 사상은 같은 뿌리로 이어져 있지 않을까, 저는 그렇게 생각합니다. '과학과 종교의 만남'이라 하면 의심스럽게 바라보는 분도 많겠지요. 그렇지만 예를 들어 영혼의 존재나 사후세계와 같은 문제는 그다지 중요치 않습니다. 우리들의 고통을 없애줄 길은 그러한 문제와는 무관할 테니까요.

'편견이나 선입관이라는 가림막을 제거하고 세계를 가능한 한 올바르게 바라봄으로써 고통을 없앨 수 있다는 확신을 얻게 된다.' 이것이 바로 물리학과 불교의 공통점이 아닐까 합니다. 오구리 선생님의 말씀을 통해 여러분은 자신의 마음을 가리고 있던 가림막이 하나둘 사라지는 것을 실감하게 될 겁니다. 이 느낌은 석가의 가르침을 배우는 이가 맛보는 감각과 무척이나 유사하겠지요.

1부

우주의 비밀은 어디까지 밝혀졌는가

인간에게 과학이란 무엇인가

우주에는 시작이 있었다

뒤집어진 시간과 공간의 상식

2부
삶은 어째서 고통인가

석가, 우주의 법칙을 발견하다

인간에게 불교란 무엇인가

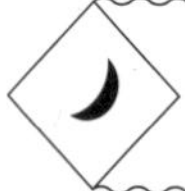

불교가 전파된 두 가지 경로

신비성이라고는 찾아볼 수 없는 '아비달마'의 세계관

대승불교가 생겨난 이유

3부

'참된 삶'이란 무엇인가?

세상의 참된 모습 바라보기

지금, 석가의 가르침에서 무엇을 배울 것인가

인생의 의미는 어디에 있을까

특별 강의

'만물의 이론'에 도전하다_오구리 히로시

만물을 설명하는 '궁극의 이론'

특별강의

대승불교의 기원을 찾아서_사사키 시즈카

석가의 가르침과 정반대인 대승불교가 태어난 이유

1부

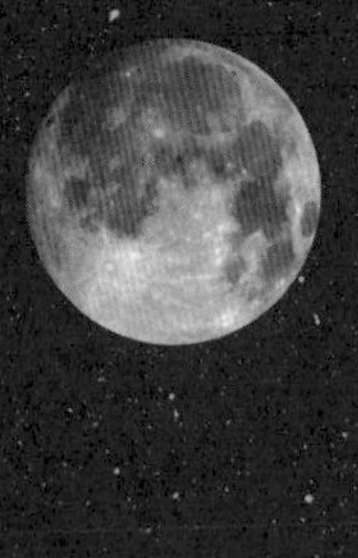

우주의 비밀은
어디까지
밝혀졌는가

인간에게 과학이란 무엇인가

불교와 물리학의 대화

사사키 선생님께서 말씀하셨듯이 20세기의 물리학은 상대성이론과 양자이론을 큰 축으로 삼아 자연계의 심오한 모습을 밝혀왔습니다. 최근 수십 년 사이에는 관측 기술의 눈부신 발달로 특히 우주 성립에 관한 비밀이 상당 부분 밝혀지고 있지요. 과학이 발견한 우주의 진리와 석가가 도달한 인간의 진리를 서로 비교하며 세상의 참된 모습에 대해 사사키 선생님과 이야기를 나누게 되다니, 저 역시 실로 흥미로우며 고마운 기회라고 생각합니다.

짐작건대 사사키 선생님은 물리학이 발견한 자연계의 심오한 진리를 이해하여 자신의 종교적 · 철학적 사고를 다지려는 생각이

실 테지요. 이는 반대 관점으로 보더라도 마찬가지입니다. 예를 들어 상대성이론으로 현대물리학의 기초를 쌓아 올린 아인슈타인은 철학과 과학의 관계에 대해 이러한 말을 남겼습니다.

> 역사나 철학적 배경에 관한 지식은 과학자들이 종종 얽매이게 되는 오랜 착각으로부터 우리들을 떼어놓는다. 철학적 사고가 전해주는 자유는 단순한 기술자, 전문가와 진리의 탐구자를 구별 짓는다.

과학자들에게도 세계에 대한 '착각'이 존재하며, 그 가림막을 제거하려면 철학적 사고방식을 이해하는 일도 중요합니다. 그런 의미에서 종교와 과학, 불교와 물리학이 대화를 통해 서로를 알아가는 일은 무척 뜻깊은 시도라고 볼 수 있겠습니다.

또한 저는 이 대화에 앞서 사사키 선생님이 쓰신 『붓다와 아인슈타인』을 읽고 크게 안심했습니다. 책에는 이러한 내용이 쓰여 있었기 때문입니다.

> 저는 이 책에서 과학과 불교의 관계를 논하지만 두 분야의 요소들이 어떻게 대응하는지에 관해서는 일절 무시했습니다. 유식•과 뇌과학, 만다라••와 양자 우주 등을 관련지은들 아무런 의미가 없기 때문입니다.

• 唯識. 유 · 무형의 모든 사물은 오로지 마음에 존재함을 이르는 불교 용어.

•• 曼荼羅. 우주의 진리를 그림으로 나타낸 불교 회화의 일종.

B 현대물리학 이론이나 지식을 살펴보면 몇몇은 어쩐지 불교의 세계관과 비슷해 보이기도 합니다. 그렇기 때문에 물리학이 발견한 몇몇 사실은 기원전에 확립된 불교에서 '이미 밝혀진 내용'이라고 주장하는 사람도 적지 않습니다.
이를테면 석가는 양자이론을 알고 있었다고 주장하는 사람도 있습니다. 당치 않은 주장입니다. 그러한 이야기와 우리들의 대화가 전혀 다르다는 사실은 무척이나 중요한 포인트이니 여기서 짚어두고자 합니다.

옳으신 말씀입니다. 아시다시피 과학은 실험과 이론이라는 두 바퀴로 굴러갑니다. 특히 양자역학은 실험과 관찰로 드러난 신비한 현상을 설명하기 위해 물리학자가 수십 년에 걸쳐 밝혀낸 자연법칙이지요. 나중에 자세히 설명할 기회가 있겠습니다만, 이와 같은 법칙을 순수한 사고만으로 발견해낼 수 없습니다.

불교 외에도 다양한 종교가 천지 창조나 우주의 성립에 대해 논하고 있습니다. 그러나 물리학은 그와 전혀 다른 방법으로 우주의 진리에 접근하고 있습니다. 그러니 본제에 앞서 이와 같은 진리에 도달하기 위한 과학적 방법에 대해 말해보겠습니다.

인류는 고대로부터 다양한 형태로 우주의 모습을 그려왔습니다. 우주, 지구, 인류 등의 기원을 설명하는 창조 신화 역시 전 세계에 퍼져 있습니다. 우리들이 살고 있는 세계에 대한 탐구심은 인간의 근원적인 욕구입니다. 그렇기 때문에 고대의 사람들은 자신들의 한정된 경험 속에서 우주의 구조를 이해하고자 했다고 봅니다. 불교의 만다라나 삼천대천세계•와 같은 사고방식 또한 그러한 시도의 일례라고 볼 수 있습니다.

그렇지만 다양한 우주관이나 창조 신화가 존재한다는 점에서도 알 수 있듯이, 옛사람들의 생각은 만인이 신뢰하기에는 충분하지 않았습니다. 자연계의 성립에 대해 신뢰할 만한 지식을 얻는 방법, 즉 근대적인 의미에서의 '자연과학'은 약 400년 전 유럽에서 이루어졌습니다.

그 이전에는 누군가가 자신의 경험이나 사상 등을 토대로 '자연계의 구조는 이러할 것이 분명하다'라고 주장했습니다. 하지만 그

• 三千人天世界. 불교사상에서 거대한 우주를 나타내는 말. 한 개의 태양과 달을 지닌 세계를 두고 일세계(一世界)라고 하며, 일세계가 1000개 합쳐진 세계를 소천세계(小天世界)라고 한다. 그리고 소천세계가 1000개 합쳐진 세계를 중천세계(中天世界), 중천세계가 1000개 합쳐진 세계를 대천세계(大天世界)라고 하는데, 대천세계는 세 가지 세계가 겹쳐 있기 때문에 삼천대천세계라고 부른다.

주장을 체계적으로 확인하기 위한 절차는 확립되지 않았죠.

근대과학 역시 법칙의 존재를 가정하는 단계, 다시 말해 가설 수립 단계에서 먼저 시작합니다. 그런데 과학에서는 예견된 가설을 관측이나 실험을 통해 검증해야만 합니다. 검증된 가설만이 자연법칙으로 인정받고 법칙과 실험이 함께하지 않으면 부정되죠. 그렇게 가설과 검증을 거듭하며 자연계에 대한 이해를 다져나가는 것이 과학에서 사용하는 방법입니다.

아리스토텔레스도 데카르트도 오류투성이였다?

노벨상 수상자이기도 한 미국의 이론물리학자 스티븐 와인버그•는 2016년에 펴낸 『스티븐 와인버그의 세상을 설명하는 과학』이라는 흥미로운 책을 통해 근대과학의 성립 이전과 이후의 차이에 대해 이야기하고 있습니다.

특히 그는 이 책에서 플라톤이나 아리스토텔레스, 르네 데카르트, 프랜시스 베이컨 등 역사상 저명한 철학자들을 가차 없이 비판합니다. 예를 들어 고대 그리스 사상가들은 자신이 진실이라 믿는 사실을 명확하게 말하기 위해서가 아니라 미적 효과를 중시하

• Steven Weinberg(1933~). 미국의 물리학자. 양자론과 우주론에 걸쳐 다방면에 큰 업적을 남겨 1972년에는 오펜하이머상을, 1979년에는 노벨물리학상을 수상했다.

여 표현을 엄선한 시인이었으며, 관찰이나 실험을 통해 자신들의 생각을 정당화해야 한다고는 생각지 않았다는 것입니다. 근대 합리주의의 아버지로 통하는 데카르트 또한 '신뢰할 만한 지식을 탐구하기 위한 참된 방법을 발견했다고 주장하는 인물치고는 자연에 관한 이해에 오류가 너무 많다'라고 호되게 비판했습니다.

B 그렇다면 진정한 과학의 발견자는 누구일까요?

와인버그는 갈릴레오 갈릴레이, 뉴턴의 시대인 400년 전에 과학적 방법론이 확립되었다고 생각합니다. 그런데 그는 현대 과학자의 관점에서 갈릴레이와 뉴턴 이전의 사상가를 비판하고 있습니다만, 역사학에서는 '현재 기준으로 과거를 재단하는' 일은 금기로 여겨지고 있습니다. 윤리나 가치의 기준은 시간의 경과에 따라 변해가는 법이기 때문이죠. 과거의 인물이 당시의 정보에 준해 최선의 판단을 내렸다 해도 결과는 인간이 제어할 수 없는 우연한 요소에 따라 얼마든지 좌우될 수 있습니다. 이를 현대인이 뒤늦게 얻은 지식을 근거로 오류라고 비판해도 될까요. 실제로 이 책은 일부 역사학자들에게 거센 비판을 받았습니다.

B 그렇다면 지금의 우리들도 1000년 뒤에는 무슨 말을 들을지 모르겠군요.

그렇죠. 이를테면 지금은 동물에게 의식이 있느냐 없느냐를 두고 토론이 오가고 있습니다. 훗날 의식의 구조가 명확하게 밝혀지면 모든 사람들이 소고기나 돼지고기를 먹는 행위를 비도덕적이라고 여길지도 모릅니다.

와인버그 역시 특정 과학적 사실의 발견에서만큼은 지금의 잣대로 과거를 비판해서는 안 된다고 생각하는 듯합니다. 예를 들어 고대 그리스인(소수의 예외를 제외하면)은 천동설을 믿고 있었는데, 그 사실만으로 그들을 어리석다고 비판할 수는 없다는 것이지요. 당시의 천체 관측 자료로는 천동설보다 지동설이 더 유력한 이론이라고 단정하기 어렵기 때문입니다. 천동설을 취한 고대 그리스인에 대해서도 그 방법론이 '과학'의 기본을 충실하게 따르고 있다면 적극적으로 평가했죠. 이를 통해 과학이란 무엇인지를 독자들로 하여금 생각하게 하는 책입니다.

한편 과학적 방법론 자체에 대해서는 근대 이전과 그 이후가 전혀 다르다는 사실을 강조하고 있습니다.

B 아리스토텔레스나 데카르트 같은 사람들이 없었다면 갈릴레이나 뉴턴 이후의 과학적 방법론도 생겨날 수 없지 않았겠느냐는 비판도 있었겠군요.

근대 자연과학의 성립에 고대 그리스로부터 축적된 지식은 틀림없이 중요했습니다. 하지만 가설과 검증이라는 방법이 확립된 때는 갈릴레이나 뉴턴의 시대였죠. 근대 이후 확립된 과학적 방법론을 계기로 자연에 관한 우리들의 이해는 비약적으로 발전했고, 활용 기술 또한 진보를 거뒀습니다.

근대과학의 성립이 물 흐르듯 매끄럽게 이루어졌는지, 아니면 혁명적인 변화가 있었는지에 대해서는 과학철학자 사이에서도 의견이 분분합니다.

와인버그는 혁명적 변화가 일어났다는 관점이고, 바로 그러한 생각이 이 책의 주제죠. 와인버그가 쓴 이 책의 일본어판에 '과학의 발견The Discovery of Modern Science'이라는 부제가 붙은 이유는 여기에 있습니다. 각각의 과학법칙이 발견되었다는 뜻이 아니라 과학 자체가 발견되었다는 뜻이지요. 재미있는 책이어서 일본어로 번역된 책은 제가 해설을 맡았습니다.

인간 중심의 세계관을 부정하다

이처럼 과학적 방법론이 확립된 덕분에 지난 400년 동안 우리들의 과학적 지식은 비약적으로 향상되었으며 기술도 발달했습니다. 이는 수천 년에 달하는 인류의 역사 속에서도 특필할 만한 사건이었다고 봅니다. 현재는 원자보다도 작은 10억 제곱분의 1미터에 불과한 미시적인 세계부터 10억 세제곱미터에 달하는 전 우주까지, 몹시 방대한 규모에 걸쳐 이 세계의 현상을 제법 정확하게 설명할 수 있게 되었습니다.

본래 인간의 뇌는 그러한 규모의 세계를 이해할 수 있게끔 진화한 것이 아닙니다. 인류가 자연환경 속에서 도태되지 않고 살아남는 데에는 수렵, 채집생활에 순응할 만한 능력이면 충분했겠지요. 집단생활을 꾸려나가려면 타인의 마음을 이해하기 위한 의사소통 능력 정도는 필요하지만 원자나 우주까지 이해할 필요는 없습니다. 그런 인류가 과학의 힘으로 눈에 보이지 않는 세계까지 설명할 수 있게 된 것은 대단히 위대한 발전입니다.

그러한 '근대과학의 발견'이라는 대사건과 이른바 '세계 3대 종교'의 성립 사이에는 1000년에서 2000년의 격차가 있습니다. 불교를 창시한 석가가 태어난 때는 기원전 6~5세기, 예수가 태어난 무렵은 서기의 기원이었고, 이슬람교의 예언자 무함마드•는 6세기에 태어났다고 여겨집니다. 그에 비해 근대과학을 낳은 갈릴레이는 16세기, 뉴턴은 17세기에 태어났죠. 세계 3대 종교는 과학의 방법이 확립되기 훨씬 이전에 발생한 셈입니다.

B 이참에 말씀드리는데 저는 '세계 3대 종교'라는 일반적인 구분법을 썩 좋아하지 않습니다. 뿌리가 같은 기독교와 이슬람교를 한 덩어리로 묶어서 불교와 비교하는 편이 낫다

• Muhammad(570~632년). 이슬람교의 창시자. 40세 무렵에 명상을 하던 중 하늘의 계시를 받아 알라를 유일신으로 섬기는 새로운 종교를 창시했다.

고 생각합니다. 불교는 신이나 외계에서 온 초월자의 존재를 인정하지 않는 독특한 세계관을 지닌 종교입니다. 기독교나 이슬람교와는 성질이 전혀 다르지요.

무슨 말씀인지 잘 압니다. 저는 세계의 주된 종교는 과학 혁명보다 훨씬 이전에 발생했으니 이러한 종교에는 근대의 과학적 지식이 반영되어 있지 않다는 말씀을 드리고 싶을 뿐입니다.

참고로 조금 전에 소개한 와인버그의 양친은 경건한 유대교 신자였다고 합니다. 유대교는 기독교의 원류가 된 종교로, 초월자의 존재를 믿습니다. 하지만 와인버그 자신은 1970년대에 쓴 『최초의 3분』에서 '우주를 알면 알수록 우주가 얼마나 무의미한지 깨닫게 된다'라고 밝혔죠. 일본인 대부분은 이 말에 쉬이 공감하기 어려울지도 모르겠습니다만, 유대교 가정에서 자란 와인버그의 종교적 배경을 생각해보면 잘 이해할 수 있습니다.

유대교에서 우주는 신의 창조물입니다. 따라서 우주에는 신의 의도가 반영되어 있는데, 와인버그의 말은 이와 같은 사고방식에 의문을 제기하고 있는 것입니다.

또한 유대교에서 인간은 신과 계약을 맺은 특별한 존재입니다. 그런데 근대과학이 발전하면서 인간은 특별한 존재가 아닐지도 모른다는 사실이 밝혀지기 시작했습니다. 이를테면 찰스 다윈의 진화론은 인간과 동물의 차이를 모호하게 다뤘습니다. 사사키 선생님은 석가의 불교가 자기중심의 세계관을 부정한다고 하셨는데,

과학의 발전 또한 인간 중심의 세계관을 뒤흔들게 됩니다.

과학의 발전은 신의 존재 자체에 대해서도 의문을 던졌습니다. 예를 들어 뉴턴역학의 이론에서는 어느 순간, 어느 위치에서, 어떤 속도로, 어떤 질량의 물체를 던지면, 그 물체가 장래 어떻게 될지를 예언할 수 있습니다. 제가 여기서 공을 던지면 어떠한 궤적을 그리며 몇 초 뒤에 사사키 선생님에게 닿을지 예언할 수 있죠. 이처럼 모든 현상은 물리학의 법칙이 지배하며, 물리학적 계산에 따라 진행된다는 사실이 뉴턴의 이론으로 밝혀진 것입니다. 여기에 신이 끼어들 여지는 없습니다.

우주에는 신이라는 가설이 필요 없다

18세기 후반부터 19세기에 걸쳐 활약한 프랑스의 천문학자이자 수학자였던 피에르 시몽 라플라스•는 뉴턴의 이론을 발전시키고 태양계의 행성이 어떻게 운동하는지를 정밀하게 계산해냈습니다. 그 계산을 토대로 예측해낸 사실은 관측 결과와 멋지게 일치했고요. 나폴레옹 정권에서 장관의 자리에 오른 라플라스는 자신의 연구 성과를 『천체역학Mécanique Céleste』이라는 책으로 정리하여 황제에게

• Pierre Simon Laplace(1749~1827년). 프랑스의 천문학자 겸 수학자로, 수학적 물리학을 창시하였다. 그의 저서 『천체역학』은 당시의 물리학을 집대성하고 확장했다는 평가를 받는다.

바쳤습니다. 포병 출신이었기 때문에 포탄의 착탄 지점을 계산하기 위한 수학과 물리학에 조예가 깊었던 나폴레옹은 책을 쓱 훑어보고는 저자에게 이러한 감상을 남겼습니다. "네 책은 평판이 좋지만, 신에 대한 언급이 전혀 없구나." 그러자 라플라스는 "제게 신이라는 가설은 불필요합니다"라고 대답했다고 합니다.

라플라스는 뉴턴역학만으로 행성의 움직임을 예측했습니다. 만약 행성이 그의 계산과 다른 움직임을 보인다면 신이 등장해 바로잡아 주어야 하겠지만, 그럴 필요는 없었습니다. 태양계의 행성은 냉철한 자연계의 법칙에 따라 시계 장치처럼 정확하게 움직이고 있으니까요. 이것이 근대과학을 통해 성립된 자연관이었습니다.

조금 전에 언급한 진화론도 이 자연관이 정착하는 과정에서 큰 충격을 주었습니다. 진화론의 사고방식에 따르면, 인류는 누군가가 어떤 목적으로 창조한 생명체가 아닙니다. 다양한 생명체의 진화는 돌연변이와 자연도태라는 우연에서 비롯된 일이죠. 우주를 이해하게 되면서 "우주가 얼마나 무의미한지 깨닫게 된다"라는 와인버그의 말은 근대과학이 만들어낸 자연관에 입각한 발언이었습니다.

B 불교의 윤회사상에서 인간은 전혀 특별하게 다뤄지지 않습니다. 한번 죽은 다음에는 개, 고양이, 지렁이로 다시 태어날지도 모르니 모든 생명체가 똑같은 셈이죠. 물론 윤회사상과 진화론은 본질적으로 다릅니다만, 결과적으로는 같은

개념이라는 말이 되겠군요.

윤회도 어떤 법칙이라고 본다면, 인간은 자연계의 법칙에 따라 살아야만 한다고 생각하는 점에서 근대과학과 비슷해 보입니다. 물론 법칙을 발견하고 검증하는 방법은 다릅니다만.

이야기를 마저 하자면, 과학적 방법론을 통해 우주에 의미가 없으며 인간에게는 미리 부여된 목적이 없다는 사실이 밝혀지자, 근대 사람들은 주체적으로 살아갈 목적을 찾고자 고심하게 되었습니다. 윤회사상은 그보다 훨씬 이전부터 같은 문제를 안고 있었던 듯합니다. 여기에 불교는 어떻게 대답하고 있습니까?

B 그것이 바로 불교에서 가장 먼저 설정한 문제입니다. 그리고 수행에 따라 자신을 바꿔가는 과정 자체가 자신에게는 삶의 보람이라고 생각합니다. 바른 세상을 볼 수 있도록 자신을 갈고닦는 일이 살아가는 목적이지요.

그렇군요. 이 세계를 더욱 깊게 이해하는 일 자체가 목적이라면 저희들 과학자는 그야말로 석가의 가르침대로 살아가는 셈이겠습니다.

400년 전부터 발전을 거듭해온 근대과학은 종종 두 가지의 오해를 받습니다. 그 오해에 대해 이야기해보도록 하죠.

하나는 이론의 축적에 대한 오해입니다. 예를 들어 양자역학이나 상대성이론 등의 새로운 이론이 등장하면 그 이전에 옳다고 여겨졌던 뉴턴역학이나 중력이론 등이 완전히 매장된다고 생각하는 사람이 적지 않습니다. 혁신적인 이론이 나타나면 과거의 이론은 오류로 받아들여지고 버려진다는 발상이죠.

단언컨대 물리학의 진보란 그렇지 않습니다. 실험이나 관측을 통해 한번 검증되고 확립된 법칙은 새로운 이론의 토대로 남게 됩니다. 새로운 이론이 생겨나더라도 예전의 이론이 버려지는 일은 없습니다.

실제로 뉴턴의 법칙은 지금도 천체 운동 등을 계산하는 데 사용되고 있습니다. 달이나 화성에 우주선을 보낼 때도 뉴턴역학이나 중력의 법칙을 통해 궤도를 계산합니다.

다만 뉴턴역학과 중력의 법칙이 항상 들어맞지는 않습니다. 이를테면 블랙홀처럼 극단적으로 중력이 강한 상태에는 적용될 수 없어 아인슈타인의 중력이론인 일반상대성이론을 사용해야 정확합니다.

따라서 아인슈타인의 이론은 뉴턴의 이론을 부정하는 대신 '확장'하는 이론이라고 보아야 옳습니다. 양자역학과 뉴턴역학도 같은 관점에서 말할 수 있습니다. 거시세계의 역학은 뉴턴의 이론으로 거의 완벽하게 설명할 수 있지만 미시세계에는 적합하지 않습니다. 미시세계까지 이론을 확장한 것이 바로 양자역학이었습니다. 과학의 세계에서는 이렇게 새로이 등장한 이론을 통해 이전에는 설명하지 못했던 자연계의 더욱 심오한 부분까지 이해할 수 있게 됩니다.

초자연적 현상이 일어날 가능성

한 가지 더, 새로운 이론의 등장과 관련된 흔한 오해가 있습니다. 새로운 이론을 모색한다는 말은 여전히 자연계에는 밝혀지지 않은 수수께끼가 있음을 의미합니다. 그렇기 때문에 과학으로 설명하기 힘든 초자연적인 현상이 벌어질 여지가 있다고 여기는 사람이 적지 않습니다.

예를 들자면 제가 초등학생이었을 때는 유리 겔러•라는 사람이 초능력으로 숟가락을 구부릴 수 있다고 주장하여 화제가 되었었죠. 또한 최근에는 '물의 메시지'라고 하여, 물에 '고마워' 같은 좋은 말을 해주면 예쁜 결정이 맺히고, '멍청이' 같은 나쁜 말을 해주

• Uri Geller(1946~). 이스라엘의 마술사로, 숟가락을 구부리는 등 다양한 묘기로 세계적 명성을 얻었으며 자신이 초능력자라고 주장하였다.

면 일그러진 결정이 맺힌다는 주장도 있습니다.

그 외에도 초자연적인 세계관이나 신비주의적인 사고방식을 갖고 있는 사람은 많겠지요. 그들은 '과학으로 모든 현상이 해명되지는 않았으니 그런 일도 있을 수 있다'라고 생각하는 모양입니다.

물론 아직까지는 근대과학이 자연계의 모든 현상을 설명하지는 못합니다. 하지만 우리들의 일상생활에서 벌어지는 현상을 지배하는 물리법칙은 거의 완벽하게 확립되어 있습니다.

과학의 법칙이 적용되는 범위는 정해져 있습니다. 어디까지는 확실하게 옳으며 어디부터는 수정되어야 하는지 뚜렷하게 나뉘어 있죠. 그리고 새로운 지식을 통해 더욱 근원적인 법칙이 발견되더라도 기존의 법칙이 적용되는 범위가 변하지는 않습니다.

물론 근본적인 법칙이 밝혀졌다고 해서 모든 현상을 설명할 수는 없습니다. 예를 들어 지진이 언제 어디서 발생할지를 정확하게 예언하는 일은 아직 불가능합니다. 마찬가지로 1000억 개나 되는 뇌신경세포의 작용을 통해 의식이 생겨나는 원리 역시 아직 밝혀지지 않았습니다.

하지만 법칙에 위배되는 현상은 일어나지 않는다고 단언할 수 있습니다. 텔레파시를 예로 들어볼까요. 인체에서 방출되어 다른 장소에 전달될 수 있는 에너지는 소리 혹은 빛, 전자파밖에 없습니다.

그리고 이러한 현상의 원리는 완벽하게 밝혀졌으므로 텔레파시 같은 현상이 존재하지 않는다는 사실은 분명합니다.

또한 앞에서 언급한 '물의 메시지'처럼 물이 말의 영향을 받아 결정의 형태를 바꾸는 일도 불가능합니다. 대부분의 초자연 현상은 이미 확립된 법칙으로 쉽게 부정할 수 있습니다.

우주에는 시작이 있었다

물질의 근원은 어디까지 작아지는가

근대과학이 밝혀낸 사실들은 우리들이 일상생활에서 경험하는 수준에만 머무르지 않습니다. 앞서 언급했듯이 눈에 보이지 않는 미시세계의 현상부터 광대한 우주의 구조까지, 과학은 넓은 범위의 현상을 설명할 수 있습니다.

여기서 그 광범위한 자연계의 계층 구조를 살펴보겠습니다〈도표1-1〉. 과학은 이 계층을 상하로 확장하여 자연계에 대한 이해를 다져왔습니다. 우리들 인간의 신장은 약 1미터입니다만 지구에서 달까지는 그보다 약 10억 배 떨어져 있습니다. 만유인력의 법칙은 달이 지구 주변을 공전하는 현상과 1미터 남짓한 나무에서 사과가 떨어지는 현상을 동일한 이론으로 설명하는 법칙입니다. 1미터의 세계와 10억 미터의 세계를 이론적으로 통일하는 데 성공한 셈이죠.

도표1-1 자연계의 계층 구조

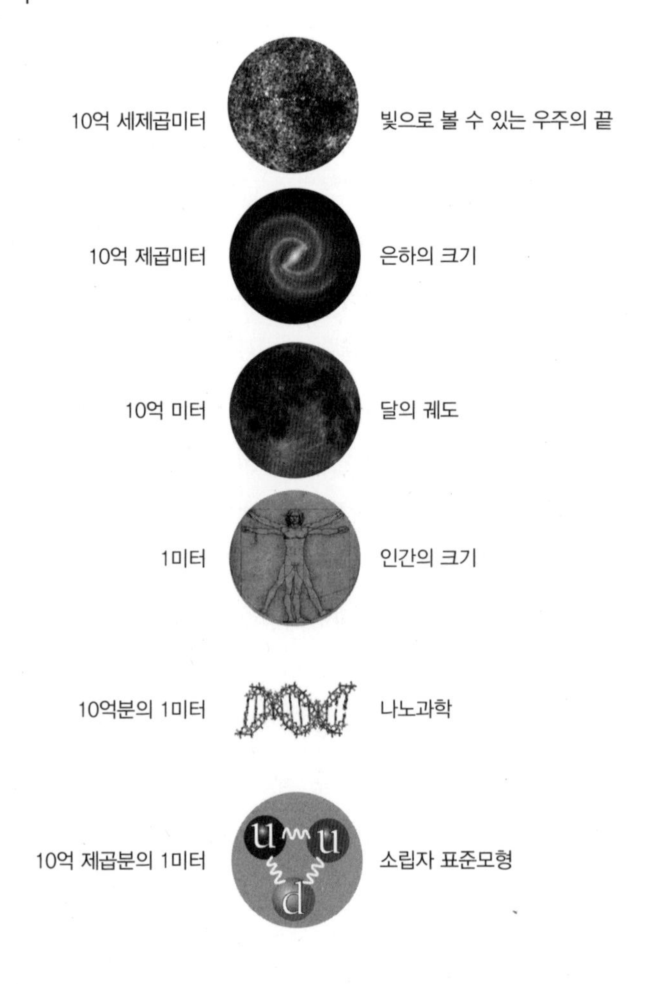

10억 미터에 다시 10억을 곱하면 은하•의 크기가 됩니다. 은하의 구조나 성립 과정 등도 상당한 수준까지 밝혀졌습니다. 여기에 또다시 10억을 곱하면 빛으로 볼 수 있는 우주의 끝까지 도달하게 됩니다. 그 거리는 약 138억 광년. 빛의 속도로 138억 년이 걸리니 우리들이 보고 있는 광경은 138억 년 전의 우주인 셈입니다. 우리들은 우주의 끝을 볼 수 있으며, 우주가 시작되었을 무렵의 모습도 볼 수 있다는 말입니다.

한편 미시세계를 살펴보면, 10억분의 1미터는 '나노미터nanometer'라는 단위의 세계입니다. 우리들 생명체의 기초가 되는 DNA의 지름 또한 그 정도 크기입니다. 나노과학이라는 단어도 있듯이 공학이나 화학과 같은 분야에서는 현재 이 규모에서 벌어지는 현상을 왕성하게 연구하고 있습니다. 그러나 미시 연구의 최첨단은 나노미터의 규모에 그치지 않습니다. 제 전문 분야이기도 한 소립자물리학에서 다루는 세계는 10억 제곱분의 1미터의 세계입니다.

과학자는 작은 세계를 이해하면 할수록 자연계의 근원과 가까워지는 것이라고 여겨왔습니다. 더욱 기본적인 법칙이 밝혀지리라고 기대하니까요. 예를 들어 생물학에서는 세포를 기본 단위로 보고 연구해왔지만, 더욱 작은 세계를 들여다보면 DNA를 비롯한 분자의 활동을 이해하여 세포의 성질을 설명할 수 있습

• 태양계가 속해 있는 은하를 이르는 용어. 일반적으로 은하계라고 부른다.

니다. 그리고 분자는 그보다 작은 원자라는 단위로 이루어져 있지요. 큰 인형 속에서 작은 인형이 계속해서 나오는 러시아의 마트료시카•처럼 파고들면 파고들수록 작은 세계, 더욱 근원적인 세계가 보인다는 말입니다.

작디작은 소립자 연구가 넓디넓은 우주 연구로

19세기까지는 원자를 자연계에서 가장 기본적인 물질로 여겼습니다. 그런데 20세기에 접어들자 원자에도 내부 구조가 있다는 사실이 판명되었죠.
1904년에는 일본의 나가오카 한타로••가 플러스 전하를 지닌 원자핵 주변을 마이너스 전하를 띤 전자가 회전하고 있다는 '토성 원자 모형'을 주장했습니다. 이와 다르게 플러스 입자와 마이너스 입자가 균일하게 섞여 있다고 보는 '톰슨 원자 모형'을 주장하는 연구자도 있었지만, 1911년에 실시된 실험을 통해 나가오카의 모델이 원자의 모습과 유사하다는 사실이 밝혀졌습니다.

하지만 원자핵도 기본 단위는 아니었습니다. 원자핵에도 내부

• 러시아의 대표적인 민예품. 상하로 분리되는 인형 안에 작은 인형이 반복적으로 들어 있는 구조로, 오뚝이처럼 둥그런 형태를 띠고 있다.
•• 長岡半太郎(1865~1950년). 일본의 물리학자. 지구물리학, 유체역학, 광학을 주로 연구하였으며 양성자의 존재를 예언하였다.

구조가 있으며, 원자핵은 양성자proton와 중성자neutron로 구성되어 있다는 사실이 밝혀진 것이죠. 참고로 양성자와 중성자를 이어주는 역할을 해내는 새로운 입자는 중간자인데, 유카와 히데키•가 논리적으로 예견해냈습니다.

20세기 후반에 접어들면 양성자, 중성자, 중간자도 기본 입자가 아니라는 사실이 밝혀지게 됩니다. 모두 쿼크quark••라는 기본 입자가 모인 복합 입자였습니다.

이렇게 되면 당연히 '쿼크는 무엇으로 이루어져 있는가?'라는 의문이 생겨납니다. 현재의 이론으로는 쿼크만으로도 6종류가 있으며, 그 이외에도 전자나 중성미자neutrino, 2012년에 발견된 힉스 입자Higgs boson 등의 소립자가 존재합니다. 그 종류는 모두 17개인데, 기본 단위로 삼기에는 수가 너무 많기 때문에 그 밑으로도 더욱 작은 계층이 있다고 보아야 자연스럽습니다.

그리고 또 한 가지 다른 의문도 떠오릅니다. 마트료시카에서는 반드시 가장 작은 마지막 인형이 나오게 됩니다만, 물질의 기본 단위에서는 어떨까요. 계층을 파고드는 작업은 영원히 계속될까요, 아니면 마트료시카처럼 어딘가에서 마무리가 지어질까요. 이는 물리학에서 지극히 중요하게 여기는 근원적 물음입니다. 만약 끝이 있다면, 자연계의 가장 깊은 계층을 설명하는 이론이 만물의 근원

• 湯川秀樹(1907~1981년). 일본의 물리학자. 1949년에 중간자 이론으로 노벨물리학상을 수상하였다.

•• 우주를 구성하는 가장 근본적인 입자.

을 설명하는 '궁극의 이론', 즉 '만물의 이론theory of everything'으로 자리 잡을 것입니다.

물리학은 앞서 말한 궁극의 이론을 정립하는 것을 주된 목적 중 하나로 삼아 발전해왔습니다. 제가 매진하고 있는 초끈이론 역시 궁극의 이론을 향한 시도입니다. 초끈이론에 대해서는 다음에 다시 이야기하도록 하겠습니다.

이처럼 근대과학은 400년의 세월에 걸쳐 '극대'의 세계와 '극소'의 세계를 모두 크게 확장함으로써 자연계를 탐구해왔습니다. 게다가 '극대'와 '극소' 연구는 전혀 무관하지 않을뿐더러 오히려 무척이나 가깝습니다. 자연계를 더욱 깊이 이해하는 과정에서, 세상의 가장 큰 세계를 탐구하는 천문학과 세상의 가장 작은 세계를 탐구하는 소립자물리학이 밀접하게 이어져 있다는 사실이 밝혀진 것입니다. 저는 '물질의 근원'을 찾아 자연계의 계층을 파고든 소립자물리학이 '우주의 근원'으로도 통한다고 봅니다.

밤은 어째서 어두울까

천문학과 소립자물리학을 연결하게 된 계기는 이른바 '빅뱅우주론Big-bang cosmology'입니다. 이는 우주에 '시작'이 있다고 보는 사고방식입니다. 하지만 그 이야기에 들어가기 전에 잠시 한 가지 문제를 생각해보겠습니다. 밤은 어째서 어두울까요?

뜬금없이 등장한 소박한 질문에 당황스러울지도 모르겠습니다만, 이 문제는 우주의 시작과 깊은 관련이 있습니다.

만약 어린아이가 이렇게 물어보면 어떻게 대답하시겠습니까? 사람들 대부분은 "태양이 저무니까"라고 대답하지 않을까요. "밝게 빛나는 태양이 지구 뒤편으로 몸을 숨기기 때문에 밤에는 어두워진다." 이렇게 말하면 아이도 이해하겠지요.

하지만 잘 생각해보면 결코 당연한 일은 아닙니다. 우주에는 태양과 같은 별이 무수히 많기 때문입니다. 우주의 별들은 지구가 밤일 때도 숨을 곳이 없습니다. 물론 별 하나하나가 발하는 빛은 태양보다 훨씬 약하지만 그 대신 지구에서 멀리 떨어질수록 별의 수도 많아지지요.

여기서 그림을 살펴보겠습니다〈도표1-2〉. 지구에서 거리가 2배 멀어지면 별빛은 4분의 1로 줄어듭니다. 그런데 우주 공간에 별이 균일하게 흩뿌려져 있다고 가정하면(반지름이 2배가 되면 면적은 4배가 되므로) 별의 수는 4배로 늘어납니다.

따라서 2배 멀어졌다 하더라도 별이 발하는 빛의 총량은 변하지 않습니다. 100광년 떨어진 곳에서 날아드는 빛도, 500광년 떨어진 곳에서 날아드는 빛도, 1억 광년 떨어진 곳에서 날아드는 빛도 같은 세기로 지구상에 내려앉게 됩니다. 우주는 무한히 펼쳐져 있으니 별들을 모두 합치면 별빛의 세기도 무한히 밝아지겠지요. 해가 저물어도 밤하늘에는 무수히 많은 별이 반짝이고 있으니 지상이 어두워질 일은 없어야 합니다.

도표1-2 **올베르스의 역설**

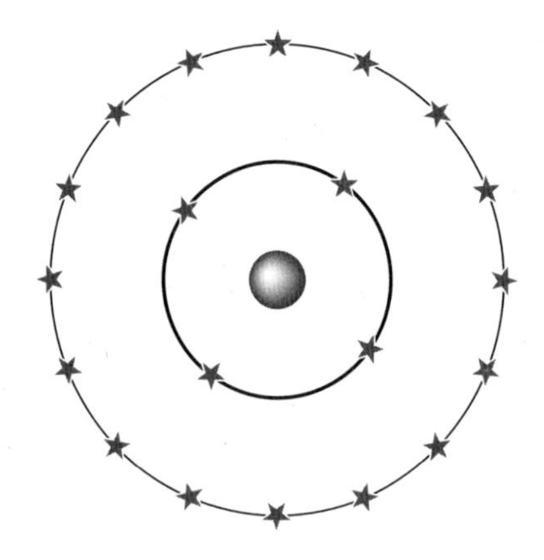

거리가 2배로 늘어나면 별빛의 세기는 4분의 1로 줄어들게 되지만, 별의 수는 4배로 늘어난다. 거리가 2배로 늘어나더라도 별빛의 세기는 동일하다. 그렇다면 밤하늘은 무수히 빛나는 별빛으로 환해야 하지 않을까?

하지만 실제로 그러한 일은 없습니다. 이 모순은 19세기에 이를 지적한 독일 천문학자의 이름을 따 '올베르스•의 역설'이라고 불립니다. 20세기에 접어들기까지 이 수수께끼는 풀리지 않았습니다.

다만 이 문제가 과학적으로 해결되기 수십 년 전에 어떤 인물이 예리한 지적을 한 바 있습니다. 바로 최초의 추리소설이라 불리는

• Heinrich Wilhelm Matthäuts Olbers(1758~1840년). 독일의 천문학자. 우주가 무한히 넓고 별의 분포가 일정하다면 밤하늘도 낮처럼 밝아야 한다는 '올베르스의 역설'을 발표하였으며, 소행성은 단일한 행성의 폭발에 의한 것이라는 소행성 기원설을 세웠다.

『모르그가의 살인』으로 유명한 미국의 작가 에드거 앨런 포•였죠. 포가 1848년에 발표한 산문시인 「유레카」에는 다음과 같은 표현이 나옵니다.

> 별들이 수없이 많다면 하늘의 배경에는 별이 존재하지 않는 곳 따윈 결코 있을 수 없을 테니 하늘은 은하처럼 온통 반짝거릴 터. 그럼에도 불구하고 망원경을 들여다보면 사방에서 공허한 세계가 눈에 띄는 것은 너무나도 멀리 떨어져 있어 우리들에게까지 광선이 도달하지 못하기 때문이라고 볼 수밖에 없다.

올베르스가 죽고 8년 뒤에 쓰인 글이니 포는 올베르스의 역설에 대해 알고 있었을지도 모릅니다. 하지만 그렇다 해도 위의 글은 그야말로 올베르스가 지적한 문제 그 자체입니다. 포는 추리소설의 창시자다운 통찰력으로 20세기에 검증된 과학적 사실을 멋지게 예견했습니다.

'우주 팽창' 이론에서 빅뱅이론으로

포의 예언은 1929년에 검증되었습니다. 미국의 천문학자 에드윈

• Edgar Allan Poe(1809~1849년). 미국의 시인이자 소설가. 「갈까마귀」, 「애너벨 리」 등의 시와 『어셔가의 몰락』, 『검은 고양이』, 『모르그가의 살인』 등의 소설을 남겼다.

허블•이 멀리 떨어진 은하일수록 거리와 비례하여 더욱 빠르게 지구와 멀어진다는 사실을 발견했습니다. 이는 우주 전체가 팽창하고 있음을 의미합니다.

멀리 떨어진 별일수록 빠르게 지구와 멀어진다면 후퇴 속도는 특정 지점에서 광속을 넘어서겠지요. 그렇다면 그곳에 아무리 많은 별이 있다 해도 별빛은 지구에 다다르지 못합니다. 포가 예측했듯이 '거리가 너무나도 멀어서 광선이 도달하지 못하기 때문'입니다.

B 아인슈타인의 특수상대성이론에서는 '어떠한 물체도 광속보다 빠르게 이동할 수 없다'고 합니다만, 우주의 팽창 속도가 광속을 넘어설 수 있을까요?

말씀하신 대로 아인슈타인의 이론에 따르면 광속은 '우주의 제한속도'입니다. 하지만 사실 그 말은 '같은 장소에서 두 물체가 광속을 초월한 속도로 엇갈릴 수는 없다'라는 뜻이지요. 멀리 떨어진 물체가 빛보다 빠르게 날아간다 해도 특수상대성이론과 모순되지 않습니다.

• Edwin Powell Hubble(1889~1953년). 미국의 천문학자. 우리 은하에서 멀리 떨어진 외부 은하일수록 더 빨리 멀어진다는 '허블의 법칙'을 발견하고, 우주가 팽창한다는 이론을 주장했다. 허블 사후, 1990년에 그의 이름을 딴 허블 우주망원경이 개발되었다.

우주의 팽창이 올베르스의 역설을 해결한 것은 다른 관점으로도 설명할 수 있습니다. 현재, 우주가 탄생한 때는 약 138억 년 전이라는 사실이 밝혀져 있습니다. 따라서 138억 광년보다 멀리 떨어진 별빛은 아직 지구까지 도달하지 않았죠. 우주가 탄생한 이후로 지금까지 지구에 빛이 날아들 수 있는 범위는 유한합니다. 이것이 또 하나의 설명입니다. 그러므로 올베르스의 역설은 우주에 '시작'이 있었다는 사실과 깊은 연관이 있는 셈입니다.

허블이 우주의 팽창을 발견하기 전까지는 우주를 영원히 변하지 않는 공간이라 여기는 관점도 있었습니다. 그러나 팽창하는 우주는 이미 불변의 존재가 아닙니다. 시계를 거꾸로 돌려보면 과거의 우주는 지금보다도 작았겠죠. 극한까지 거슬러 올라가면 우주가 더 이상 작아질 수 없는 순간, 다시 말해 우주가 '시작'된 지점에 도달하게 됩니다.

최초의 우주는 밀도뿐 아니라 온도 또한 무척이나 높았을 테지요. 여기서 우주가 뜨거운 '불덩어리'에서 시작했다고 보는 빅뱅이론이 태어났습니다.

사실 우주가 팽창한다는 이론은 허블의 발견 이전부터 예견된 바 있습니다. 아인슈타인의 이론을 통해 우주 팽창의 가능성은 밝혀져 있었지요. 아인슈타인은 1915년에 중력의 작용을 밝히는 일반상대성이론을 완성하고 그 방정식을 우주 전체에 대입하여 계산한 결과, 우주에 시작점이 있다는 해답을 얻어냈습니다.

하지만 우주가 영원불변한 존재라고 믿어 의심치 않았던 아인슈타인은 이래선 말이 안 된다는 생각에 그 해답을 버리고 말았습니다. 그리고 우주가 중력에 수축되지 않도록 중력을 되돌리는 힘이 존재하리라 생각하여 방정식에 '우주 상수'라는 힘을 추가했습니다.

우주의 시작이 '불덩어리'였다는 증거

B 우주에 시작이 있다는 사고방식은 '신이 처음에 세상을 창조했다'는 일신교의 개념과 흡사합니다. 아인슈타인은 과학자로서 그러한 종교적 견해를 받아들일 수 없었으므로 우주에 시작 따윈 없다고 믿었던 걸까요?

아인슈타인이 우주 상수를 생각해낸 데는 과학철학자 에른스트 마흐•의 영향 때문이라고 하는데, 종교적인 이유가 있었는지는 알 수 없습니다.

그렇지만 빅뱅이론과 천지 창조 신화는 확실히 잘 어울리는 한 쌍입니다. 예를 들어 로마 교황은 꽤 이른 시점에 빅뱅이론을 받아들였습니다. 한편 종교를 인정하지 않았던 사회주의 시대의 소련

• Ernst Mach(1838~1916년). 오스트리아의 물리학자이자 철학자. 뉴턴역학의 기반을 다지고 에너지론의 기초를 닦는 등 물리학의 기초적 분석과 체계화에 이바지하였다.

에서는 일정 시기까지 빅뱅이론을 금지하고 있었지요. 위험한 사상으로 간주되었기 때문에 빅뱅이론을 연구하던 물리학자가 시베리아 수용소로 보내진 일까지 있었습니다.

빅뱅의 흔적에 대해 처음으로 생각해낸 것은 소련에서 미국으로 망명한 물리학자 조지 가모•의 연구진이었습니다. 하지만 가모와 연구진의 이론에는 과학자들 사이에서도 찬반양론이 분분했습니다.

애당초 '빅뱅'이라는 단어 자체가 그 이론에 부정적이었던 프레드 호일••이라는 저명한 천문학자가 비꼬는 의도로 사용한 말이었습니다. 호일은 우주가 팽창하더라도 물질이 연달아 탄생하기 때문에 우주 내부 물질의 밀도가 변하지 않는다는 '정상우주론steady-state cosmology'을 주장하고 있었습니다.

그런데 1964년, 어떤 발견을 통해 과학자들은 빅뱅이론을 인정하게 됩니다. 미국의 벨 연구소Bell Labs•••에서 전파천문학을 연구하

• George Anthony Gamow(1904~1968년). 소련에서 태어난 미국의 물리학자. 빅뱅이론을 주장하며 그 근거로 우주 마이크로파 배경복사를 예견하였다. 그 외에 DNA의 구조를 밝히는 데도 큰 공헌을 한 바 있다.

••Fred Hoyle(1915~2001년). 영국의 천문학자. 우주 내부의 물질과 에너지가 없어지면 대체할 물질이 생기거나 정상 상태를 유지하리라는 정상우주론을 주장했으며, SF 소설가로서 『안드로메다 성운의 AA for Andromeda』라는 소설을 발표하기도 했다.

••• 1925년 미국에 설립된 민간 연구기관으로, 설립 이래 3만 개 이상의 특허와 14명의 노벨상 수상자를 배출했다. 연구소의 명칭은 전화기를 발명한 인물로 잘 알려진 알렉산더 그레이엄 벨(Alexander Graham Bell, 1847~1922년)의 이름에서 유래했다.

던 아노 펜지어스•와 로버트 윌슨••이 우주 곳곳에서 날아드는 마이크로파를 검출한 것입니다.

가모는 자신이 주장한 빅뱅이 실제로 존재했다면 '불덩어리'에서 방출되고 우주의 팽창을 통해 길게 뻗어나간 빛의 파장이 현재에 이르러서는 온 우주에서 쏟아지는 마이크로파로 관측되리라고 예상했습니다. 벨 연구소의 안테나가 수신한 전파의 파장은 가모의 이론에서 예견된 수치와 일치했고, 빅뱅이론의 증거가 되었습니다.

다만 펜지어스와 윌슨의 연구는 빅뱅이론과 무관했습니다. 우리 은하에서 지구로 향하는 전파를 수신하기 위해 안테나를 조정하고 있을 뿐이었습니다. 따라서 가모의 예언에 대해서는 전혀 알지 못했고, 처음에는 자신들이 수신한 전파를 원인 불명의 잡음으로만 여겼다고 합니다. 안테나 자체에 문제가 있다고 생각한 두 사람은 안테나에 둥지를 튼 비둘기의 배설물을 치우기도 했지만 여전히 잡음은 사라지지 않았습니다. 그래서 두 사람은 프린스턴대학의 천문학자 로버트 디키•••에게 전화를 걸어 "사방에서 마이크

• Arno Allan Penzias(1933~). 독일 태생의 미국 물리학자. 1964년 안테나에 관한 연구를 하는 과정에서 우주 마이크로파 배경복사를 발견했다. 그 공로로 1978년 노벨물리학상을 수상하였다.

•• Robert Woodrow Wilson(1936~). 미국의 물리학자. 우주 마이크로파 배경복사를 발견한 공로로, 아노 펜지어스와 1978년 노벨물리학상을 수상하였다.

••• Robert Henry Dicke(1916~1997년). 미국의 물리학자. 천체물리학과 원자물리학, 우주론과 중력 분야에 공헌했다.

로파가 날아오는 것 같다"라고 상담했습니다.

그 말을 들은 디키는 잠시 수화기를 내려놓고는 연구실 동료들에게 "제군들, 아무래도 선수를 빼앗긴 모양이네"라고 말했습니다. 빅뱅우주론을 알고 있었던 디키와 연구진은 대학 옥상에 커다란 망원경을 설치하여 마이크로파를 검출하려 했던 것입니다. 한편, 로버트 디키를 제치고 위대한 역사적 발견을 이룩해낸 펜지어스와 윌슨은 그 사실이 신문 1면에 대대적으로 보도될 때까지 자신들이 수신한 전파가 얼마나 중요한지 몰랐다고 합니다.

별과 은하, 그리고 인류의 씨앗

이처럼 우연히 발견된 '우주 마이크로파 배경복사Cosmic Microwave Background radiation'(이하 CMB)는 빅뱅의 증거가 되었습니다. 우주에는 '시작'이 있었던 것입니다.

그 뒤로도 CMB의 정밀한 관측이 이어졌으며, 우주의 성립에 관한 여러 사실이 밝혀졌습니다. 1992년에는 미국의 코비• 위성이 우주 공간에서 CMB를 관측하였고, CMB에 미약한 마이크로파의 '요동(강약)'이 있다는 사실을 밝혀냈습니다.

펜지어스와 윌슨의 시대에는 우주의 어느 곳을 관측하더라도

• COBE(Cosmic Background Explorer). 일명 우주배경 탐사선. 1989년 11월 18일에 미국항공우주국NASA에서 우주 마이크로파 배경복사를 관측하기 위해 쏘아 올린 위성이다.

CMB는 모든 방향에서 같은 세기로 내리쬐는 마이크로파처럼 보였습니다. 그러나 코비 위성의 정밀한 관측을 통해 불과 10만분의 1 정도의 차이이기는 하지만, 마이크로파에도 강한 부분과 약한 부분이 있다는 사실이 밝혀졌습니다.

사실 이는 이미 예측된 결과였습니다. 극히 작은 미시세계였던 초기의 우주 공간에 양자역학적 효과를 통해 요동이 생겨났고, 우주가 팽창하면서 뻗어나간 요동이 현재의 우주에 새겨져 마이크로파의 강약으로 관측되리라는 사실이 이론적으로 예견된 바 있습니다.

이 요동은 우리들의 존재와 떼려야 뗄 수 없습니다. 만약 초기 우주에 양자의 요동이 일어나지 않았고 CMB도 완벽하게 균일했다면, 별이나 은하는 태어나지 않았겠지요. 공간에 에너지가 높고 낮은 부분이 있기 때문에 높은 부분에는 더 많은 물질이 모여들어 별이나 은하와 같은 구조물이 생겨난 것입니다. 다시 말해 우주의 요동이 별과 은하의 씨앗이 되었다 해도 과언이 아닙니다. 별이 태어나지 않았다면 당연히 우리들도 태어나지 못했겠죠.

우주 공간은 평면이다

또한 CMB의 관측을 통해 우주 공간이 '평탄'하다는, 즉 평평하다는 사실도 밝혀졌습니다. 3차원 공간이 평탄하다느니 하는 표현이 어려울지도 모르겠습니다만, 2차원의 면이 평면이거나 곡면이듯이 공간 또한 다양한 방식으로 휘어질 수 있습니다. 우주 공간의 곡률과 형태는 우주론에서도 중대한 문제였습니다.

이를 알아보기 위한 방법 중 하나는 우주 공간에 그린 삼각형의 내각을 측정하여 더하는 것입니다. 초등학교 산수 시간에 삼각형의 내각을 합하면 180도가 된다고 배우는데, 이 공식은 평면이 평탄할 때만 성립합니다.

구의 표면에 삼각형을 그리고 내각을 합해보면 180도는 성립하지 않습니다. 이는 지구본 위에 북극점에서 적도를 향해 직각으로 두 개의 선을 그어보면 알 수 있습니다. 두 선은 적도와는 직각으로 만나게 됩니다. 따라서 두 선과 적도가 이루는 삼각형을 생각하면 세 각은 모두 90도가 되지요. 그렇다면 내각의 합은 180도가 아닌

도표1-3 삼각형의 내각을 합치면 몇 도일까?

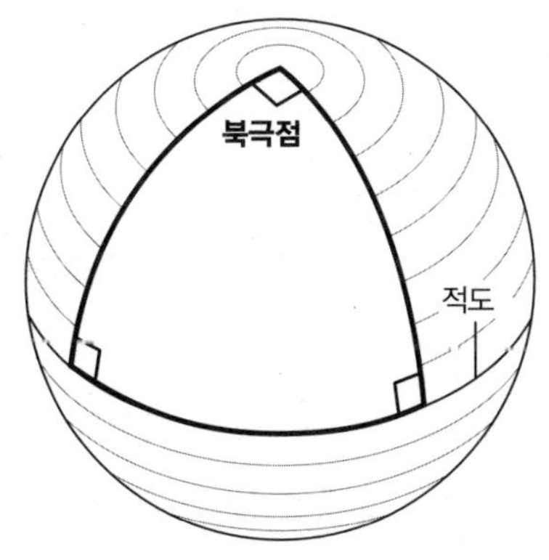

구면상에서 삼각형의 내각을 합치면 180도보다 크다.

90+90+90=270도. 이처럼 구의 표면에서 삼각형의 내각을 합하면 반드시 180도보다 커지게 됩니다. 곡률이 크면 클수록 180도와의 차이는 커지지요. 마찬가지로 3차원 공간에서도 삼각형의 내각을 측정하여 더해보면 공간의 곡률을 알 수 있습니다.

1997년부터 1998년에 걸쳐 캘리포니아공과대학의 앤드루 랭 Andrew Lange을 비롯한 연구진이 남극 상공에 관측기구를 띄워 CMB 요동의 크기를 정밀하게 측정했습니다. 요동의 크기를 정확하게 알아내면 〈도표1-4〉처럼 요동의 두 점과 지구상의 한 점을 연결하는 삼각형을 그릴 수 있습니다. 지구에서 출발한 두 변이 100억 광년이나 되는 거대한 삼각형이죠. 우주 공간이 전체적으로 어떻게 휘어져 있는지를 정확히 측정하려면 이렇게나 거대한 삼각형을 그려야만 합니다.

연구진은 장대한 삼각측량으로 내각의 합은 약 180도이며, 우주 공간은 거의 평탄하다는 사실을 밝혀냈습니다.

평탄한 우주와 우리들 인간이 우주에 탄생할 수 있었던 것은 사실 깊은 연관성이 있습니다. 아인슈타인의 중력이론을 적용하면 공간의 곡률이 우주의 팽창 방식을 좌우한다는 사실을 알 수 있기 때문입니다.

예를 들어 빅뱅이 벌어졌을 당시 우주 공간이 구면처럼 휘어져 있었다고 가정하면, 아주 미미한 곡률이었다 해도 우주는 눈 깜짝할 사이에 수축하여 찌그러지고 말았으리라는 것이 아인슈타인의 중력방정식을 통해 밝혀졌습니다. 반대로 삼각형 내각의 합이 180

도보다 작아지는 형태로 휘어져 있었다면 우주는 급격하게 팽창하고 말았겠지요. 둘 중 어느 쪽이든 태양이나 지구가 생겨나지는 않았으리라고 생각됩니다.

도표1-4 두 변이 100억 광년인 삼각측량

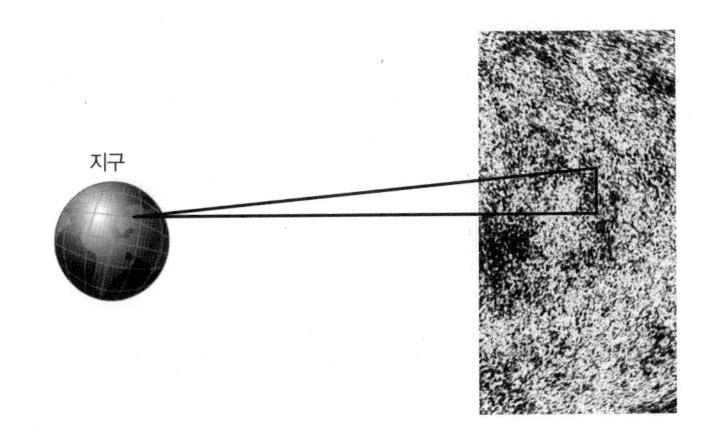

마이크로파의 요동을 관측하여 우주로 펼쳐진 삼각형의 내각을 측량할 수 있다.

하지만 우리들의 우주는 평탄하며 138억 년에 걸쳐 천천히 팽창해왔기 때문에 그 사이에 태양이 탄생하고, 지구가 탄생했으며, 40억 년 전에는 지상에 생명체가 탄생하여 우리들 지적 생명체로 진화할 수 있었습니다.

어째서 우주가 평평한 상태에서 시작했는지는 아직 밝혀지지 않았습니다. 일본의 사토 가쓰히코•와 미국의 앨런 구스••가 각각 주장한 급팽창이론•••의 목적 중 하나는 이를 설명하는 것입니다. 아무튼 우주 공간이 평평했기 때문에 우리들이 여기에 있다는 말이지요.

우주의 95퍼센트는 여전히 베일 속에

한편 우주 공간이 평평하다는 사실이 알려진 것과 거의 같은 시기에, 또 다른 이유로 우주가 더욱 빠르게 팽창하고 있다는 놀라운 사실이 밝혀졌습니다. 멀리 떨어진 초신성••••이 멀어져가는 속도를 측정하여 과거의 우주와 현재의 우주가 팽창하는 속도를 비교해본 결과, 지금으로부터 약 90억 년 전에 우주의 팽창 속도가 더욱 빨라졌다는 사실을 알아낸 것입니다.

조금 전에 설명했듯이 우주 공간은 평평하기 때문에 우주가 통상적인 물질로 이루어져 있다면 물질의 중력에 따라 팽창 속도는

• 佐藤勝彦(1945~). 일본의 물리학자. 급팽창이론의 제창자로 알려져 있다.

•• Alan Harvey Guth(1947~). 미국의 물리학자. 사토 가쓰히코와 거의 같은 시기에 급팽창이론을 제창하였으며, 그 공로로 2012년 기초물리학상을 수상하였다.

••• inflation theory. 우주 초기의 특정 순간에 우주가 빛보다 빠른 속도로 팽창했다는 이론. 이후로도 우주는 계속해서 팽창하고 있으나 그 속도는 급팽창 시기와 비교할 수 없을 만큼 느리다.

•••• supernova. 항성 진화의 마지막 단계에 큰 폭발을 일으켜서 평소의 수억 배로 강한 빛을 발하다 서서히 힘을 잃는 별. 사실은 별이 죽어가는 모습이지만 겉으로 보기엔 마치 새로운 별이 탄생하는 것처럼 보이기 때문에 초신성이라고 한다.

차츰 줄어들어야 합니다. 하지만 실제로 관측해보니 점점 빨라지고 있으므로 우리들이 모르는 어떤 '척력'•이 존재한다고 가정할 수 있습니다. 척력의 원인은 아직 밝혀지지 않았습니다만, 특별한 종류의 에너지라면 설명할 수 있으므로 '암흑에너지dark energy'라는 이름이 붙었습니다.

이후 정밀한 관측을 통해 척력의 원인이 암흑에너지라면, 이 에너지는 우주의 모든 에너지의 68퍼센트를 점유하고 있으리라는 사실이 밝혀졌습니다. 우주의 모든 에너지에는 별과 은하 등의 물질도 포함되어 있습니다. 아인슈타인이 특수상대성이론에서 제시한 유명한 공식인 '$E=mc^2$'••에 따라 물질의 질량은 에너지로 전환될 수 있기 때문입니다. 그렇게 생각해보면 암흑에너지의 존재가 얼마나 거대한지 가늠할 수 있을 테지요.

그뿐만이 아닙니다. 우주에는 현재까지 소립자물리학이 해명해온 일반적인 물질과 다른 수수께끼의 물질이 대량으로 포함되어 있다는 것도 밝혀졌습니다. 이 물질 또한 정체가 밝혀지지 않아 '암흑물질dark matter'이라는 이름이 붙었습니다. 빛을 방출하지 않기 때문에 볼 수는 없습니다만, 암흑물질 없이는 은하의 운동 등을 설

• 斥力. 두 물체가 서로를 밀어내는 힘. 끌어당기는 힘인 인력(引力)과 반대되는 개념이다.

•• E는 에너지, m은 질량, c는 (진공 상태에서의) 빛의 속도. 모든 질량은 그에 상응하는 에너지를 지니며 그 반대 또한 성립된다는 개념인 '질량과 에너지의 등가원리'를 나타낸 관계식.

명하지 못하므로 암흑물질의 존재 자체는 확실합니다.

그리고 이 암흑물질의 질량을 에너지로 환산하면, 우주의 모든 에너지에서 약 27퍼센트를 차지하게 됩니다. 조금 전에 언급한 암흑에너지와 합하면 95퍼센트. 다시 말해 우주의 95퍼센트는 수수께끼 같은 암흑으로 둘러싸여 있다는 말이지요. 결국 현재 물리학이 해명한 물질은 5퍼센트에 불과합니다. 별, 우주, 우리들의 몸을 이루고 있는 물질을 이해하게 되면 자연계의 성립을 설명할 수 있으리라 믿고 연구를 계속했건만, 그 물질은 우주의 극히 일부에 지나지 않는다는 사실을 알게 된 셈입니다.

이렇게 말하면 누군가는 '400년 동안 축적된 근대과학은 아무런 의미가 없었다' 하고 한숨을 내쉴지도 모르겠습니다. 하지만 그 400년이라는 시간 덕분에 암흑에너지나 암흑물질이라는 새로운 수수께끼를 찾아낼 수 있었습니다. 저는 근대과학의 발전이 콜럼버스의 신대륙 발견과 마찬가지라고 생각합니다.

이탈리아의 수학자이자 천문학자였던 파올로 토스카넬리•의 계산을 믿었던 크리스토퍼 콜럼버스는 서쪽으로 계속 항해하면 중국이나 황금의 나라 지팡구••가 나오고, 따라서 무역으로 막대한

• Paolo Toscanelli dal Pozzo(1397~1482년). 이탈리아의 천문학자. 지구구형설을 믿고 유럽에서 대서양을 거쳐 서쪽으로 나아가면 인도로 가는 새로운 항로가 나타난다고 주장하여 콜럼버스의 항해에 영향을 주었다.

•• Zipangu. 마르코 폴로의 『동방견문록』에 등장하는 일본의 다른 이름. 현재 일본의 영어명 Japan의 어원이 되었다. 당시 중국에서 일본을 '지펀구'라고 불렀기 때문에 마르코 폴로가 일본을 지팡구로 소개했다는 설이 있다.

부를 거머쥘 수 있다며 스페인 여왕에게 항해에 대한 후원을 요청했습니다. 그러나 토스카넬리의 계산은 틀렸습니다. 서쪽으로 줄곧 배를 몰았더니 미지의 대륙에 도달했으니까요. 그리고 그 덕분에 세계의 역사는 크게 바뀌었습니다.

물리학은 지난 400년에 걸쳐 축적된 이론과 발전된 관측 기술을 통해 우주의 95퍼센트를 차지하는 거대한 수수께끼와 맞닥뜨렸습니다. 이 수수께끼를 풀어내면 인류의 자연관과 우주관은 크게 달라지겠지요. 틀림없이 기존의 상식과 선입관이라는 이름의 가림막이 벗겨지고 우주의 진리가 더욱 뚜렷하게 드러나리라 믿습니다. 그렇게 거대한 수수께끼와 직면하는 일은 우리들 과학자에게 더할 나위 없는 기쁨이기도 합니다.

뒤집어진 시간과 공간의 상식

시간과 공간을 둘러싼 의문들

지금까지 이야기했듯이 우주에는 빅뱅이라고 하는 '시작점'이 존재했습니다. 빅뱅을 발견하기까지에는 공간과 시간에 대한 우리들의 발상을 크게 바꿔놓은 아인슈타인의 중력이론이 큰 역할을 했습니다.

일상적인 삶 속에서 시간이나 공간의 존재에 의문을 품을 기회는 없습니다. 그런데 아인슈타인의 중력이론에서는 시간과 공간도 변할 수 있다고 봅니다. 그리고 중력이론을 우주 전체에 적용하면 '우주에는 시작이 있었다', 다시 말해 '그 이전에는 시간과 공간이 모두 없었다'는 충격적인 결과가 나옵니다.

B 불교에서 말하는 시간은 무한한 과거에서 무한한 미래로 끊임없이 이어지는 존재입니다. 시간의 흐름 속에서 우리들은 끝없는 윤회를 반복하지요. 윤회에서 이탈하여 열반에 들면 '해탈'했다고 하는데, 해탈은 시간이라는 정해진 틀에서 벗어남을 뜻합니다. 물론 그렇다 해서 시간이 멈추지는 않습니다. 해탈에는 시간이라는 개념 자체가 존재하지 않습니다. 참고로 불교에서는 시간이 흐르는 세계를 '유위(有爲)', 시간이 없는 세계를 '무위(無爲)'라고 합니다. 이로하우타•의 가사 중 '유위의 깊은 산을 오늘도 넘어가노니'에 나오는 '유위'는 바로 이를 두고 한 말입니다. 시간이 존재하는 세계에서 산을 넘어 열반에 들자는 노래지요.

아하. 깨달음을 얻은 불교인은 시간이 없는 상태에 접어든다는 말이군요. 과연 시간이 '없는' 상태가 가능할까요. 가능하다면 어떻게 표현해야 좋을까요. 물리학의 관점에서도 흥미로운 문제입니다. 시간과 공간이 무조건 '존재한다'는 발상은 인류의 역사에서 결코 당연하게 받아들여지지는 않았습니다. 예를 들어 고대 그리스의 아리스토텔레스는 물질이 없는 상태에서는 시간도 공간도 존재하지 않는다고 생각했습니다. 시간은 사건이 일어나는 모습을 나타내기 위해 존재하고, 공간은 물체의 위치를 정하기 위해 존재

• 10세기 말부터 11세기 중엽의 일본에서 만들어진 작자 미상의 노래.

하는데, 물질이 없는 곳에서는 아무런 현상도 벌어지지 않으므로 시간도 공간도 존재하지 않는다고 주장했죠.

그에 비해 물질이 없는 곳에도 절대적 시간과 절대적 공간이 존재한다고 생각한 사람은 뉴턴이었습니다. 뉴턴은 모든 물리 현상이 절대적인 시공간이라는 전제 조건하에서 벌어진다고 보았습니다. 물질이 연극배우라면 시간과 공간은 연극배우를 위해 준비된 무대와 같다는 발상이지요. 뉴턴이 자신의 역학이론을 구축하기 위해 도입한 이 새로운 개념이 400년 후, 우리들의 상식으로 정착된 셈입니다.

시간과 공간은 절대적 존재가 아니었다

하지만 물리학의 세계에서 뉴턴이 만들어낸 상식은 20세기에 접어들면서 곧바로 뒤집혔습니다. 시간과 공간의 개념을 바꾼 사람은 두말할 나위도 없이 아인슈타인이었죠. 1905년에 발표된 특수상대성이론은 뉴턴이 도입한 절대적 시간과 절대적 공간이 존재하지 않는다는 사실을 밝혀냈습니다. 특수상대성이론에 따르면, 시간과 공간은 어느 시점에서 보더라도 같지 않습니다. 관측자에 따라 다르게 보이는 것입니다.

아인슈타인이 특수상대성이론을 발견할 수 있었던 것은 '광속 불변의 원리' 덕분이었습니다. 먼저 이 원리에 대해서 설명하겠습니다.

일상생활에서 물체의 속도는 관측 방식에 따라 다르게 보입니다. 예를 들어 시속 40킬로미터로 달리는 열차는 선로 옆에 가만히 서 있는 사람의 눈에는 시속 40킬로미터로 보이지만, 40킬로미터로 나란히 달리는 열차에서는 시속 0킬로미터, 즉 멈춰 있는 것처럼 보입니다. 또한 시속 30킬로미터로 같은 방향을 향해 달리는 열차에서는 40킬로미터에서 30킬로미터를 뺀, 시속 10킬로미터로 달리는 것처럼 보이겠지요. 한편 반대 방향을 향해 시속 30킬로미터로 달리는 열차에서는 40킬로미터에 30킬로미터를 더해 시속 70킬로미터로 멀어지는 것처럼 보입니다. 이처럼 대상 물체와 관측자의 속도 사이에 덧셈과 뺄셈이 성립하는 셈입니다.

그런데 20세기에 접어들어 빛에 대해서는 이러한 덧셈과 뺄셈이 성립하지 않는다는 사실이 아인슈타인의 실험을 통해 밝혀졌습니다. 관측자가 어떤 속도로 이동하든 빛은 항상 같은 속도로 보인다는 뜻입니다. 만약 그렇지 않다면 광속으로 날아가는 사람에게는 빛이 멈춰 있는 듯 보일 테니 손에 든 거울을 아무리 바라본들 자신의 모습이 비치지 않겠지요. 아인슈타인 자신이 직접 실시한 사고실험•으로, 빛은 어느 관점에서 보더라도 광속으로 날아가기 때문에 거울에 자신의 모습이 비치지 않는 현상은 벌어지지 않습니다.

그리고 빛의 속도가 누구에게나 똑같이 보인다면 시간 쪽에서

• thought experiment. 실험에 필요한 장치와 조건을 단순하게 가정한 후 이론을 바탕으로 일어날 현상을 예측하는 실험 방식.

차이가 벌어집니다. 이해를 돕기 위해 다음과 같은 사고실험을 해 보겠습니다.

〈도표1-5〉처럼 광원에서 동등한 거리에 서 있는 A 씨와 B 씨가 가위바위보를 합니다. 광원에서 방출된 빛이 보이자마자 주먹, 가위, 보자기를 내는 게임입니다. A 씨가 주먹, B 씨가 보자기를 내서 B 씨가 이겼습니다. 공평한 규칙에서 동시에 가위바위보를 했으니 패배한 A 씨에게도 불만은 없습니다.

하지만 이 가위바위보 대결이 광속에 가까운 속도로 달리는 열차 안에서 벌어졌다면 이야기가 달라질 수 있습니다. 즉, 선로 옆에서서 승부를 바라보던 사람이 항의를 할 가능성이 있습니다. 밖에서 보고 있는 사람에게는 B 씨가 늦게 낸 것처럼 보이기 때문입니다. 어째서일까요.

그림과 같이 열차의 진행 방향을 향하고 있는 A 씨는 광원에서 빛이 방출된 이후에 광원으로 다가가게 됩니다. 반대로 진행 방향에서 등을 지고 있는 B 씨는 광원으로부터 멀어지게 되지요. 밖에서 보고 있는 사람에게도 빛의 속도는 동일하기 때문에 A 씨가 빛을 보고 주먹을 냈을 때, B 씨에게는 아직 빛이 도달하지 않았습니다. 따라서 밖에 있는 사람에게는 B 씨가 조금 늦게 보자기를 낸 것처럼 보이는 것입니다.

이처럼 광속이 누구에게나 일정하게 보인다면 '동시'라는 기준이 애매모호해집니다. 열차 안의 A 씨와 B 씨에게는 동시에 벌어진 일이 열차 밖에 있는 사람에게는 그렇게 보이지 않습니다. 다시 말

도표1-5 **동시성은 관측자에 따라 달라진다**

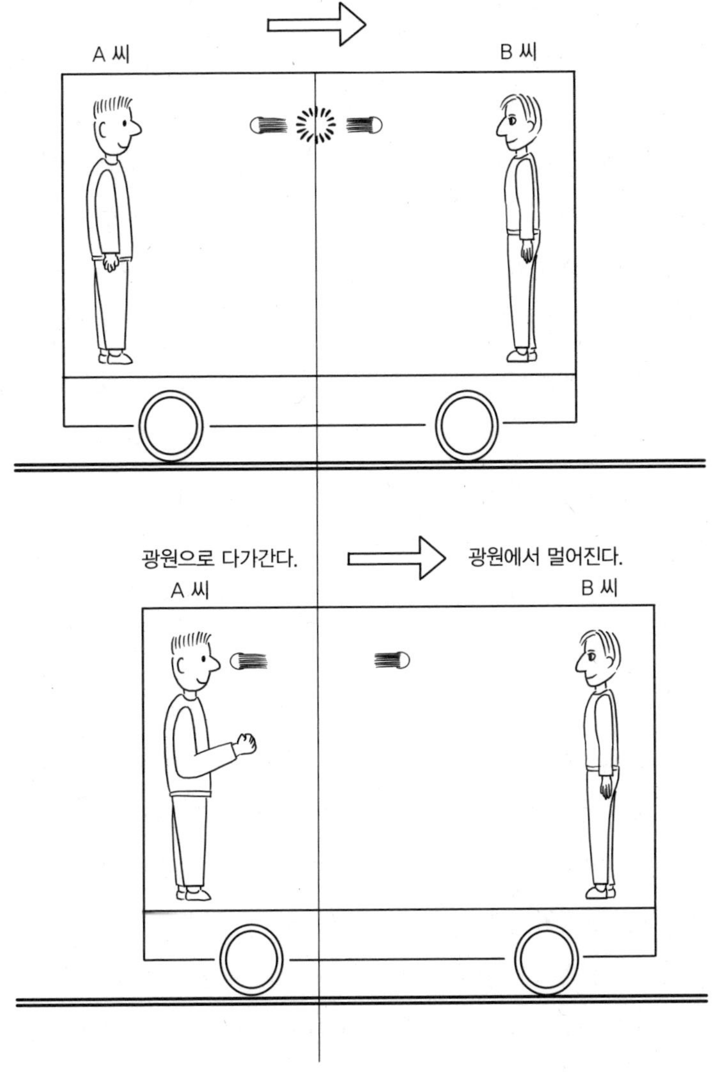

선로 옆에 서 있는 사람에게는 B 씨가 늦게 낸 것처럼 보인다. ©Hirosi Ooguri

해 '동시성'은 관찰자에 따라 달라집니다. 따라서 모두에게 공통된 '절대적 시간'은 존재하지 않는 셈입니다.

특수상대성이론 탄생의 숨겨진 비밀

여담입니다만 특수상대성이론의 논문을 집필할 당시, 아인슈타인은 스위스 베른의 특허청에서 근무하고 있었습니다. 대학에서 일자리를 구하지 못한 상태에서 친구의 도움을 받은 것이지요. 그런데 이때의 경험이 특수상대성이론을 발견하는 데 공을 세웠다는 설이 있습니다.

지금도 그렇지만 당시에도 열차를 시간표대로 정확하게 운행하는 일은 매우 중요했습니다. 그러기 위해서는 모든 역의 시계를 동일하게 맞춰야 합니다. 물론 쉬운 일은 아니었죠. 따라서 많은 사람들이 서로 떨어진 역의 시계를 맞추기 위한 아이디어를 고안하여 특허로 신청했습니다. 그 서류를 읽고 심사하는 일이 아인슈타인이 특허청에서 맡은 업무였다고 합니다.

그렇다면 평소에 아인슈타인 자신도 '시간을 맞춘다는 개념'에 대해 생각했을지도 모릅니다. 그리고 그 생각이 '동시성'을 둘러싼 이론에 영향을 미쳤을 가능성도 있겠지요.

일상의 철도망에서는 각 역의 시간을 맞출 수 있습니다. 엄밀하게 따져서 고속 열차를 타고 도쿄에서 1000킬로미터 떨어진 하카

타까지 이동한 사람의 시계가 느려지기는 하겠지만, 느려진 시간은 나노초(10억분의 1초) 정도에 불과합니다. 내버려두어도 실생활에는 아무런 영향도 없습니다. 그렇지만 열차가 광속에 가까운 속도로 달리는 극단적인 세계의 철도망이라면 아무리 기를 써도 운행 시간에 차질이 생길 수밖에 없습니다.

이처럼 극단적인 상황을 상정하지 않고선 실감하기 어려운 이야기이니 '만인에게 공통된 절대적 시간'이 존재하지 않는다는 사실을 이해하기란 꽤 어려운 일입니다. 그렇기 때문에 일상생활에서는 여전히 뉴턴 이후로 생겨난 가림막이 벗겨지지 않는 것입니다. 하지만 물리학에서는 정확성을 확인하기 위해 으레 기존의 이론을 극한적인 상황에 대입하고는 합니다. 그로 인해 과거의 이론이 무너진다면 그 이론을 보정하기 위한 새로운 이론을 필요로 하게 되죠. 과거의 이론을 확장한다는 것은 이를 두고 하는 말입니다.

중력은 '시간과 공간의 뒤틀림'

아인슈타인이 특수상대성이론에 이어 10년 뒤에 발표한 일반상대성이론 또한 뉴턴의 중력이론을 확장한 이론입니다. 뉴턴은 불변의 '절대적 공간'을 전제로 만유인력의 법칙을 발견했습니다만, 아인슈타인의 이론에서는 질량을 지닌 물체가 있으면 그 주변의 시간과 공간은 일그러집니다.

예를 들어 달은 지구의 주변을 회전하는데, 만약 시간이나 공간이 일그러지지 않는다면 일직선으로 이동하여 지구를 벗어나 어딘가로 날아가겠지요. 그렇지만 실제로 지구 주변의 시간과 공간은 휘어져 있기 때문에 달도 곡선 형태로 운동을 합니다. 시간과 공간의 뒤틀림은 눈에 보이지 않으므로 마치 달과 지구 사이에 인력이 작용하는 듯 보인다는 말입니다.

뉴턴의 이론으로는 수성의 움직임을 정확하게 설명할 수 없었습니다. 그래서 과학자들은 수성의 궤도 안쪽에 또 다른 미지의 행성이 있을지도 모른다고 가정했고, 그 행성에 '벌컨Vulcan'이라는 이름까지 붙이면서 탐색해보았습니다. 그러나 벌컨은 끝내 발견되지 않았습니다.

하지만 아인슈타인의 이론을 적용해보면 수성의 궤도 안쪽에 또 다른 행성이 없더라도 수성의 움직임을 멋지게 설명할 수는 있었습니다. 수성처럼 태양과 가깝고 강한 중력의 영향을 받는 '극단적인 상황'에서는 뉴턴의 이론이 깨어지고 만 것이죠.

GPS의 일등 공신은 아인슈타인

아인슈타인의 상대성이론은 시간과 공간에 대한 사고방식을 본질적으로 바꿔놓았습니다. 일상생활에서는 시간과 공간의 뒤틀림을 실감할 수 없으므로 여전히 상대성이론을 반신반의하는 시선으로 바라보는 사람도 있겠습니다만, 이미 상대성이론은 우리 실생활에서 적극적으로 사용되고 있습니다.

GPS가 그 대표 주자입니다. GPS 덕분에 우리들은 자동차 내비게이션이나 스마트폰의 지도 애플리케이션 등을 통해 자신의 위치를 정확하게 알 수 있습니다. 그런데 GPS 위성을 로켓으로 쏘아 올리는 기술이 있다 한들 상대성이론을 적용하지 않으면 위성은 정확하게 작동하지 않습니다.

어째서일까요. 우선 GPS 위성은 지구 상공을 빠른 속도로 회전하고 있습니다. 그러므로 특수상대성이론의 원리에 따라 시간이 느려지게 되죠. 또한 상공에서는 지상보다 지구의 중력이 약해집니다. 일반상대성이론에서는 중력이 강할수록 시간이 천천히 흐르므로 이 또한 GPS의 시간에 차이를 유발합니다. 이 두 가지 상대성이론의 효과를 고려하여 시계를 수정하지 않으면 거리도 정확하게 측정하기 어렵습니다. 그냥 그대로 두었다가는 하루에 2킬로미터나 거리가 틀어지고 말지요. 이래서는 아무런 쓸모가 없습니다.

단순히 GPS 위성이나 우주발사선을 개발할 때는 상대성이론이 필요치 않습니다. 그러니 만약 아인슈타인이 없었다면 인류는 시간을 수정하지 않은 채 GPS 위성을 발사했을 테고, 작동을 시작한 다음에야 거리가 맞지 않는다는 사실을 깨달았겠죠. 아인슈타인이 미리 이론을 만들어준 덕분에 처음부터 시간을 수정하여 GPS를 사용할 수 있었습니다.

이처럼 상대성이론은 우리들의 일상생활과 무관하지 않습니다. 다만 일반상대성이론의 효과는 대단히 비일상적인 상황에서 뚜렷이 드러납니다. 예를 들자면 블랙홀이 있습니다.

블랙홀의 존재 자체는 일반상대성이론이 등장하기 전부터 예견되고 있었습니다. 18세기가 끝나갈 무렵의 일입니다. 1784년에는 영국의 존 미첼•이라는 천문학자가, 1796년에는 앞서 소개한 프랑스의 라플라스가 뉴턴의 이론에 근거하여 '빛조차 탈출할 수 없는 천체'가 있을 수 있다는 사실을 지적한 바 있습니다.

어떠한 천체에서 탈출할 때, 탈출에 필요한 속도(탈출속도)는 천체의 중력이 강할수록 커집니다. 예를 들어 지구에서 탈출하는 데 필요한 속도는 초속 11킬로미터. 이보다도 빠르게 발사된 물체는 지구의 중력을 뿌리치고 우주로 날아오르게 됩니다. 지구보다도 중력이 약한 소행성에서는 훨씬 느린 속도라도 탈출할 수 있겠죠. 그다지 힘이 세지 않은 일본의 탐사선 '하야부사'••가 소행성 이토

• John Michell(1724~1793년). 영국의 지진학자 겸 천문학자. 1755년 리스본에서 발생한 지진의 원인을 연구하여 진원이 대서양 바닥에 있음을 밝혀내고, 논문 「지진 현상의 관찰과 원인 추측」을 발표했다.

•• MUSES-C라는 코드명으로 불린 일본 최초의 소행성 탐사선. 일본어로 매를 의미한다. 2003년에 발사되어 2005년에 소행성 이토카와에 착륙해 샘플을 채취한 뒤, 2010년 6월 13일에 총 60억 킬로미터에 달하는 거리를 비행하여 지구로 귀환했다.

카와•를 벗어나 귀환에 성공한 까닭은 이토카와에서 탈출하는 데 필요한 속도가 적었기 때문입니다.

천체의 중력은 그 천체의 질량만으로는 정해지지 않습니다. 물질의 밀도가 높으면 질량이 적은 천체라도 중력은 강해집니다. 밀도가 높을수록 탈출속도가 커진다면 극단적으로 밀도가 높은 천체는 탈출속도가 광속을 넘어서겠지요. 이 사실은 뉴턴의 이론을 통해서도 추측해볼 수 있었습니다. 하지만 그것이 어떠한 천체인지는 아인슈타인의 이론이 등장한 이후에야 비로소 정밀하게 조사할 수 있었습니다.

1915년에 일반상대성이론이 발표되자 중력방정식을 통해 하나의 중요한 해답이 도출되었습니다. 이 해답을 발견한 사람은 카를 슈바르츠실트••입니다. 당시는 제1차 세계대전이 한창이었는데, 포병 기술장교였던 슈바르츠실트는 러시아 전선에서 싸우고 있었습니다.

그곳에서 방정식의 답을 발견한 슈바르츠실트는 아인슈타인에게 편지를 썼습니다. 논문은 아인슈타인이 슈바르츠실트를 대신하

• 糸川. 1998년 9월 26일에 관측된 소행성으로, 일본 우주 개발의 아버지로 알려진 이토카와 히데오(糸川英夫, 1912~1999년)의 이름에서 왔다. 크기 540×270×210미터로, 두 개의 바위가 붙어 있는 듯한 형상을 하고 있다.

•• Karl Schwarzschild(1873~1916년). 독일의 천문학자. 천체의 사진 관측 기술을 개척했으며 이론물리학과 상대성이론에도 공헌하였다. 본문에서 슈바르츠실트가 중력방정식을 토대로 도출해낸 해답은 '탈출속도가 광속과 같아지는 천체의 반지름'으로, 이후 '슈바르츠실트 반지름Schwarzschild radius'이라고 불렸다. 예를 들면 지구의 슈바르츠실트 반지름은 9밀리미터다.

여 제출했는데, 안타깝게도 슈바르츠실트는 논문이 발표되고 4개월 후 전쟁터에서 병으로 세상을 떠나고 말았습니다.

아인슈타인의 중력방정식은 물질이 존재함에 따라 주변의 시간과 공간이 어떻게 변화하는지를 나타냅니다. 따라서 물질의 질량이나 밀도를 극단적으로 끌어올렸을 때 벌어지게 될 일 또한 예측할 수 있죠. 슈바르츠실트는 특정 조건하에서는 무거운 천체 주변에 '사건의 지평선event horizon'이 생겨난다는 해답을 이끌어냈습니다.

여기서 사용된 '지평선'은 '그 너머는 볼 수 없다'는 비유적 의미입니다. 지평선 너머가 보이지 않듯이 사건의 지평선 너머도 볼 수는 없습니다. 건너편에 있는 천체의 중력 때문에 사건의 지평선을 지나면 탈출속도가 광속을 넘어서기 때문입니다. 사건의 지평선에 둘러싸인 천체가 바로 블랙홀입니다. 한번 사건의 지평선을 넘어 안으로 들어가면 결코 그곳에서 빠져나올 수 없습니다.

블랙홀에 뛰어들었을 때 벌어지는 일

B 가만히 멈춰 있으면 지평선이나 수평선 너머를 볼 수 없지만 차나 배를 타고 계속 가다 보면 조금씩 눈에 들어오기 시작합니다. 블랙홀에서도 사건의 지평선을 넘어서 계속 나아가면 내부의 모습을 볼 수 있을까요?

아인슈타인의 이론에서는 블랙홀이 거대하면 사건의 지평선을 무사히 통과하여 블랙홀 안에서 벌어지는 일을 알 수 있을 것이라고 주장합니다. 하지만 유감스럽게도 블랙홀에 뛰어든 사사키 선생님이 그곳에서 본 것을 제게 전달하지는 못합니다. 블랙홀의 지평선은 일방통행이기 때문에 한번 지나가면 원래 위치로 돌아올 수 없기 때문이죠. 지평선에서 탈출하기 위한 속도는 정확히 빛의 속도이기 때문에, 지평선 안쪽에서 탈출하려면 광속을 초월해야 합니다.

만약 사사키 선생님이 우주선을 타고 블랙홀로 향한다면 어떻게 될지 생각해보도록 하죠. 사사키 선생님은 제게 날마다 메일로 보고하겠다는 약속을 한 뒤 여행을 떠났다고 가정하겠습니다. 처음에는 약속한 대로 날마다 메일이 제게 날아들 겁니다. 그러나 블랙홀에 가까워지면 가까워질수록 빈도는 1주일에 한 번, 1개월에 한 번, 1년에 한 번으로 줄어들겠지요.

사사키 선생님이 연락을 게을리하는 건 아닙니다. 외부에서 관측하는 제 시점에서는 중력이 강해지면서 사사키 선생님의 시간이 느리게 흘러가는 것처럼 보일 뿐입니다. 만약 우주선 내부의 모습까지 볼 수 있다면 처음에는 평범하게 키보드를 두드리던 사사키 선생님의 손가락이 점차 슬로모션처럼 천천히 움직이겠죠.

그리고 우주선이 사건의 지평선에 도달하면 사사키 선생님의 시간은 무한대로 느려진 듯 보일 겁니다. 다시 말해 시간이 멈춰버리죠. 외부에서 보면 우주선은 사건의 지평선에서 멈춘 채 꿈쩍도

하지 않습니다. 우주선 안에 있는 사사키 선생님도 가만히 멈춰 있습니다. 열반에 들었다면 불교인으로서 도를 깨친 셈이겠습니다만, 조금 전 들은 이야기에 따르면 '시간이 멈춘다'와 '시간이 없다'는 동일한 개념이 아니므로 그렇지도 않겠지요. 게다가 사사키 선생님의 관점에서는 시간이 흐르고 있으니 열반이 아닌 블랙홀에 접어들었을 터. 사사키 선생님은 메일을 꾸준히 보내고 있을 겁니다.

사건의 지평선을 넘어서면 이전까지와는 다르게 강한 중력은 느껴지지 않습니다. 자유 낙하에서는 중력이 느껴지지 않기 때문입니다. 이것이 바로 아인슈타인에게 일반상대성이론의 힌트를 준 발상이었습니다. 창문이 없는 엘리베이터가 자유 낙하하는 상황을 예로 들자면, 엘리베이터에 타고 있는 사람은 자신이 떨어진다고 생각하지 않습니다. 엘리베이터 안에서 몸이 떠올라 무중력 상태에 놓인 것처럼 느껴지겠지요.

따라서 우주선의 몸체가 무사하다면 사사키 선생님도 우주선 안에서 둥실둥실 뜬 상태로 블랙홀의 내부에 뛰어들게 되겠죠. 하지만 외부에서는 사건의 지평선에서 영원토록 정지해 있는 사사키 선생님밖에 보지 못합니다. 이렇게 블랙홀은 일반상대성이론의 효과를 극단적인 형태로 보여줍니다.

이처럼 블랙홀은 극한의 상황이기 때문에 아인슈타인 이론의 한계를 보여주는 무대가 되기도 했습니다. 뉴턴의 중력이론이 수성의 움직임을 설명하지 못했을 때와 마찬가지로 블랙홀에서는 종전의 이론만으로는 설명할 수 없는 현상이 벌어지는 것이죠.

이 사실은 영국의 이론물리학자 스티븐 호킹이 밝혀냈습니다. 호킹은 미시의 세계를 지배하는 양자역학과 거시의 중력 세계를 지배하는 일반상대성이론이 블랙홀에서 모순을 일으킨다고 지적했습니다.

앞서 언급했듯 빅뱅이론에 따라 초창기에는 우주 또한 작았다는 사실이 밝혀지면서 자연계의 '극대'와 '극소'의 연구는 근본적으로 연관성을 지니게 되었습니다. 그렇게 이어진 양자(兩者)를 설명하는 두 가지 이론에 모순이 발생했다면 현대물리학에는 심각한 문제가 찾아온 셈입니다. 모든 자연계를 설명하는 법칙을 발견하려면 20세기의 물리학을 떠받쳐온 이론을 어떠한 형태로든 수정해야만 하니까요.

호킹이 제시한 문제는 '블랙홀의 정보 역설'이었습니다. 양자역학의 관점에서는 진공을 완벽하게 텅 비어 있는 상태로 보지 않습니다. 진공 상태에서는 항상 물질의 근원이 되는 입자가 생성과 소멸을 되풀이하고 있습니다. 예를 들어 조금 전에 말씀드린 초기 우주에서는 이 입자가 생성되고 소멸된 흔적이 방출되었고, CMB 요동으로 관측되고 있습니다.

생성과 소멸에서는 반드시 '입자'와 '반입자'가 한 쌍을 이룹니다. 다양한 입자가 있으면 그 입자와는 전하의 부호(플러스와 마이너스) 등에서 반대 성질을 지닌 반입자가 존재합니다. 그리고 입자와 반입자는 쌍생성pair production과 쌍소멸pair annihilation을 반복하게 됩니다.

호킹은 사건의 지평선에서 쌍생성이 일어났을 때 어떠한 결과가 벌어질지 생각해보았습니다. 쌍생성된 입자 일부가 블랙홀로 흡수되었고, 나머지는 튕겨 나갔다고 가정하겠습니다.

통상적으로 쌍생성된 입자는 진공에서 에너지를 빌린 뒤 곧바로 쌍소멸되어서 빌린 에너지를 진공에 반납합니다. 쌍소멸하지 않으면 에너지 보존의 법칙에 위배되기 때문이죠. 하지만 사건의 지평선 부근에서 벌어지는 입자와 반입자의 쌍소멸에는 이와 다른 현상이 나타납니다.

지평선 바깥쪽의 입자는 양(+)의 에너지를 지니지만 지평선 안쪽, 다시 말해 블랙홀로 빨려 들어간 입자는 음(-)의 에너지라는 묘한 성질을 지닙니다. 블랙홀로 빨려 들어간 입자는 지평선을 벗어나지 못하므로 바깥쪽의 입자와 쌍소멸을 일으키지 못합니다. 그러나 흡수된 입자가 음의 에너지를 지니고 있다면 쌍소멸이 일어나지 않더라도 에너지 보존의 법칙에 위배되지 않습니다.

이처럼 음의 에너지를 지닌 입자가 계속해서 축적되면 블랙홀은 어떻게 될까요? 음의 에너지가 쌓인다는 말은 에너지를 잃는다는 뜻이며, 에너지를 잃는다는 말은 질량을 잃는다는 뜻이니 블랙홀은 서서히 쇠약해지다 이윽고 증발하게 됩니다. 이 현상에 '호킹복사Hawking radiation' 이름이 붙었습니다.

일반상대성이론과 양자역학의 충돌

블랙홀이 증발한다니 그것만으로도 놀라운 발견입니다만, 여기에 그치지 않고 호킹복사는 과학의 근간을 뒤흔드는 충격을 안겨주었습니다. 아인슈타인의 일반상대성이론과 양자역학 모두를 그대로 적용하여 계산하면 호킹복사에 따라 인과율이 무너지기 때문입니다.

근대과학은 자연계를 하나의 법칙으로 설명하자는 목표를 향해 걸어왔습니다. 물리학뿐만이 아닙니다. 화학과 생물학에서도 현재 상태를 알면 법칙에 따라 원리적으로 미래를 예견할 수 있다고 봅니다. 물론 과거가 어떠했는지도 알 수 있겠죠. 그 법칙이 바로 과학의 기초인 인과율입니다. 인과율이 무너지면 과학 자체가 성립하지 않습니다.

참고로 지금까지 여러 번 등장한 라플라스는 인과율을 이렇게 생각했습니다. 한 권의 책을 태웠다고 가정하겠습니다. 책을 태우는 과정은 통상적인 물리법칙을 따르므로 원리적으로는 시간반전time reversal이 가능합니다. 현실적으로는 지극히 어려운 일이지만 초인적인 능력을 지닌 이가 있다면 태우고 남은 재나 소각에 사용된 불꽃 등의 물질을 기록하고, 물리법칙에 따라 과거의 상태를 도출하여 마치 비디오테이프를 되감듯 책의 내용을 재생할 수 있겠지요. 이러한 초인을 '라플라스의 악마Laplace's demon'라고 합니다.

그렇다면 한 권의 책을 블랙홀에 던지면 불에 태웠을 때처럼 똑같이 재현할 수 있을까요? 불가능하다면 인과율이 무너진 셈입니다.

책을 던져 넣은 블랙홀은 책 한 권의 질량이 늘어나지만, 한편으로는 호킹복사에 따라 질량을 잃게 되므로 이윽고 본래의 질량으로 돌아옵니다. 연이어 같은 질량의 책을 던져 넣더라도 블랙홀에서 돌아오는 호킹복사의 내용은 앞서 던진 책과 동일합니다. 방출된 복사가 둘 중 어느 책인지를 구별할 수 없으므로 블랙홀에 빠진 책 속의 정보는 완전히 사라지고 말지요. 호킹복사로 방출된 물질을 모두 모은다 해도 정보를 재현하지는 못합니다.

쉽사리 이해하기 어려우실지도 모르겠습니다만, 여기서 중요한 사실은 일반상대성이론과 양자역학을 그대로 적용하면 블랙홀에서 방출된 복사에는 아무런 정보도 담겨 있지 않은 것처럼 보인다는 점입니다. 초인적인 능력을 지닌 라플라스의 악마라 해도 원래 책에 담긴 정보는 재현할 수 없지요. 인과율이 무너지고 마는 셈입니다.

과학의 기초인 인과율의 붕괴를 막고 과학의 토대를 지키려면 일반상대성이론과 양자역학을 뛰어넘는 새로운 이론을 찾아내야 합니다.

애당초 일반상대성이론과 양자역학 사이에는 충돌이 있었습니다. 각각을 거시의 세계와 미시의 세계에 따로 적용할 때는 문제가 없지만, 두 이론을 동시에 적용하면 파국을 초래하게 됩니다. 호킹이 제기한 문제는 이 모순을 실로 충격적인 형태로 보여주었다 해도 과언이 아니겠죠.

이 문제를 해결하려면 일반상대성이론과 양자역학을 통일해야 합니다. 제 전공 분야인 초끈이론은 이 두 가지 이론을 통일할 가능성을 지닌 이론입니다. 동시에 초끈이론은 자연계의 근원을 설명하는 '궁극의 이론'이 될지도 모릅니다.

하지만 초끈이론에 대해서는 책 후반부의 특별 강의에서 말씀드리도록 하겠습니다. 우주의 진리를 탐구하는 근대과학은 궁극의 이론의 한 치 앞까지 도달해 있습니다. 제2부에서는 불교가 어떻게 세상의 진리에 접근해왔는지 사사키 선생님의 말씀을 통해 들어보고자 합니다.

2부

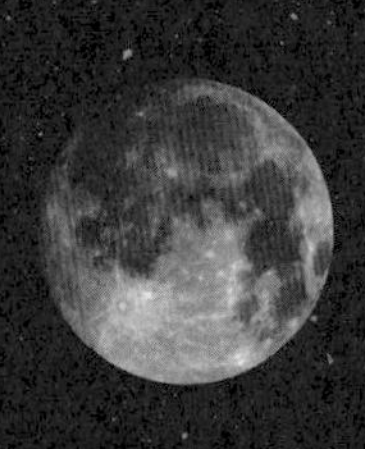

삶은
어째서
고통인가

석가,
우주의 법칙을
발견하다

불교에는 신이 존재하지 않는다

제1부에서는 오구리 선생님께서 근대 자연과학, 특히 물리학이 우주의 모습을 해명해온 방식에 대해 알려주었습니다.

제2부에서는 석가의 세계관, 나아가서는 석가의 가르침이 점차 체계화되어 최종적으로 대승불교라는 모습으로 거듭나게 된 흐름에 대해 이야기해보려 합니다.

실존 인물인 석가는 약 2500년 전 인도에서 태어났습니다. 정확하게 말하자면 지금의 네팔에 속해 있는 룸비니라는 곳이었지요. 본명은 고타마 싯다르타라고 전해지고 있지만, 사실인지는 확인할 방법이 없습니다.

석가는 대단히 참신한 종교적 개념을 창시했습니다. 절대자가 존재하지 않는 종교적 세계관이지요. 기독교나 이슬람교의 경우, 세상에는 처음부터 신이라는 절대자가 존재했으며, 인간사의 행복과 불행은 신과의 계약을 통해 결정된다고 생각합니다. 신의 말을 전하는 전달자로서 세상에 온 이가 예수와 무함마드입니다. 그들은 신의 가르침을 우리들에게 전하기만 합니다. 직접 종교의 원리를 창시하지는 않았습니다. 그에 비해 불교는 신과 같은 보편적 존재를 상정하지 않는 종교지요.

따라서 석가는 누군가의 말을 전달하는 전달자가 아닙니다. 석가 자신이 우주의 진리를 발견한 사람입니다. 이전부터 존재했던 우주의 법칙성을 발견하고, 그 법칙을 모두가 이해할 수 있게끔 언어로 표현했지요. 석가 스스로는 깨닫지 못했겠습니다만, 그러한 의미에서 보자면 석가는 과학자와 무척 흡사한 관점으로 살아간 인물이었다고 생각합니다.

과학의 '인과율' = 불교의 '연기'

P 일신교를 믿는 과학자 중에는 자연계의 법칙을 신이 설계했다고 받아들임으로써 과학과 종교를 양립시키려는 사람도 있는 듯합니다. 신의 설계도를 이해하고 전달하는 일이야말로 과학자의 사명이라는 생각이겠죠. 석가도 자연계의

법칙을 발견하여 전달했다는 점에서는 과학자와 동일합니다만, 자연법칙은 신의 말씀이 아닙니다. 불교에서 자연계의 법칙은 신이 창조한 피조물이 아니며 본디 존재했던 것으로 여기는데, 자연법칙의 기원 자체에 의문을 두지는 않습니까?

그렇습니다. 세계를 창조한 조물주를 상정하지 않으므로 이 세계에 '시작'은 없습니다. 하지만 법칙성은 있지요. 원인에서는 반드시 그에 상응하는 결과가 태어난다는 관점이 불교에서 말하는 법칙성입니다. 제1부에서 오구리 선생님이 말씀하신 과학의 인과율과 마찬가지지요. 불교에서는 이 법칙성을 '연기(緣起)'라고 합니다.

연기는 자연계의 법칙이니 석가의 등장과는 무관하며 이 세상은 연기에 따라 움직이고 있습니다. 우연히 석가가 연기라는 법칙성을 발견하여 우리들에게 가르침을 전파한 것입니다. 이것이 불교라는 종교의 기본적 구조입니다.

모든 일이 원인과 결과로 이어져 있으니 같은 것이 언제까지고 변함없이 존속되는 일은 단연코 불가능합니다. 연기로 이어진 모든 요소가 잠시도 멈추지 않고 변용을 거듭하고 있지요. 이것이 바로 '제행무상(諸行無常)'의 사고방식입니다. 제행무상은 불교 자체에도 적용됩니다. 따라서 불교도 언젠가는 필히 사라진다고 봅니다. 불교라는 종교의 흥미로운 점이지요.

다만 불교가 사라지고 그대로 끝나지는 않습니다. 수십억 년이 흐르고 석가와 같은 진리의 발견자, 부처가 다시 나타나 이 세상에 가르침을 전파합니다. 그렇게 이 세상에는 불교가 정기적으로 나타난다고 생각하지요. '말법(末法)'이라는 말이 있는데, 이는 바로 불교가 한차례 사라질 때를 가리키는 용어입니다. 따라서 말법사상은 '불교의 끝'이라는 의미가 아닙니다. 불교가 태어나고 사라지는 순환의 마지막 시기를 일컫는 것입니다.

석가는 이미 세상을 떴으니 우리들은 부처와 만날 수 없습니다. 그런데 다음의 부처는 약 56억 년 뒤에 나타난다고들 합니다. 부처가 될 사람도 이미 정해져 있는데, 그를 '미륵(彌勒)'이라고 합니다. 그렇게 연이어 부처가 등장한다면 당연히 석가가 태어나기 전에도 무수히 많은 부처가 나타났었다는 말이 되겠지요. 이 부분은 대승불교의 기원을 이야기할 때 중요한 사항이니 기억해두기를 바랍니다.

P 모든 부처가 같은 법칙을 논한다는 말이군요. 그렇다면 그 법칙 자체에는 제행무상이 적용되지 않습니까?

그렇지요. 제행이란 존재를 말하며, 존재와 존재를 이어주는 관련성이 연기라는 법칙입니다. 법칙 자체가 사라질 수는 없죠. 연기라는 법칙에 따라 제행이 점차 변용하는 모습이 바로 제행무상입니다.

석가는 반브라만파의 대표 주자

불교가 태어나기 이전의 이야기를 간단하게 짚고 넘어가겠습니다. 약 2500년 전 인도에는 이른바 카스트 제도의 모체라고 할 수 있는 브라만교•가 이미 존재했습니다.

카스트에는 위에서부터 브라만, 크샤트리아, 바이샤, 수드라의 네 가지 계급이 있는데, 그 밑으로는 카스트에 속하지 못할 정도로 심각한 차별을 받는 아웃카스트••가 있습니다. 카스트 제도의 기원에는 민족 차별이 있습니다. 백인계 아리아인이 상층부를, 검은 피부를 지닌 토착 인도인이 하층부를 구성합니다. 카스트는 무조건 핏줄에 따라 결정되므로 태어난 이후로 바뀌는 일은 없습니다.

그렇다면 카스트 제도는 누가 만들었을까요? 브라만교는 일본의 신도•••나 그리스 신화처럼 수많은 신이 세상을 다스린다고 생각하는 종교입니다. 수많은 신의 계급에서 정점에 선 이가 '범천(梵天)'입니다. 산스크리트어로는 '브라흐마Brāhma'라고 하지요. 브라만교의 브라만은 이 브라흐마를 의미하는데, 따라서 브라만교란 '범천이 중심에 자리 잡은 종교'라는 뜻이 되겠습니다.

그러므로 카스트 역시 범천을 중심으로 신들이 정한 계급이라

• Brahmanism. 기원전 1500년 무렵 시작되었다고 추정되는 인도의 고대 종교. 불교에 밀려 3세기까지 힘을 잃었으나 4세기경에 인도의 여러 토착 종교와 결합하여 힌두교로 발전하였다.

••outcaste. 카스트 계급에 속하지 못하는 최하층민. 부정을 타는 존재로 여겨져 사원 출입 금지나 신체 접촉 금지 등 생활 전반에서 차별을 받았다. 현재는 차별 용어로 간주되기 때문에 공식적으로는 지정 카스트scheduled caste라는 명칭을 사용한다.

••• 神道. 만물의 바탕에는 신이 존재한다는 의식에서 출발한 일본 고유의 종교.

여겨집니다. 브라만교를 믿는 사람들에게 카스트는 결코 뒤집을 수 없는 우주의 진리입니다. 이와 같은 브라만교의 흐름을 이어받은 종교가 지금의 힌두교입니다. 아직까지 인도에 카스트가 남아 있는 것도 어찌 보면 당연한 일입니다.

그런데 2500년 전, 브라만교의 세계관에 이의를 제기한 사람들이 여럿 나타났습니다. 어쩌면 당시 카스트 구조에 변화가 일어나 최상위 계급인 브라만보다 낮은 계급의 사람들이 강한 힘을 갖추게 되고, 사회 개혁을 노린 계급 투쟁을 벌이지 않았을까요. 석가도 그중 하나였습니다. 석가는 카스트의 두 번째 계급인 크샤트리아 출신입니다. 당연히 브라만에게 유리한 브라만교는 지지하지 않았지요. 이른바 '반(反)브라만파'의 챔피언이 바로 석가의 불교였습니다.

따라서 석가는 범천과 같이 세상을 지배하는 초월적 존재를 인정하지 않았습니다. 세계를 다스리는 존재가 없으니 이 세상에는 시작도 끝도 없으며, 그저 법칙성에 따라 무한한 과거에서 무한한 미래를 향해 이어질 뿐이지요.

'노, 병, 사'를 고통으로 여기지 않는 삶

한편, 당시 인도 사회에 뿌리내린 기본적인 세계관은 바로 '윤회(輪廻)'였습니다. 끝없이 흘러가는 시간 속에서 생명체는 천상도(天上道), 인간도(人間道), 축생도(畜生道), 아귀도(餓鬼道), 지옥도(地獄

道)라는 다섯 개, 혹은 수라도(修羅道)를 합한 여섯 개의 영역에서 영원히 죽음과 환생을 반복한다는 세계관이지요. 윤회라는 현상을 긍정적으로 바라보는 사람도 있었을 겁니다. 현재를 힘껏 살아가다 보면 다음 생에는 더 나은 삶을 살게 될지도 모른다는 믿음으로 말입니다.

하지만 석가는 영원토록 반복되는 윤회를 전체적인 관점에서 '고통'이라고 받아들였습니다. 그 고통의 대표 주자가 바로 '노(老), 병(病), 사(死)'입니다. 사람은 늙고, 병들고, 죽습니다. 윤회를 통해 무엇으로 다시 태어나든 반드시 늙고 병들어 죽게 되지요. 희망 속에서 건강하고 행복한 삶을 누리는 사람에게는 윤회가 좋은 일처럼 여겨질지도 모릅니다만, 고통스럽게 살아가는 사람은 '또 다시 이런 삶을 맛보아야 하나'라며 답답한 기분에 사로잡히지 않을까요. 윤회는 고통의 연속인 것이지요.

그렇다면 그 고통에서 벗어날 방법을 찾아야 합니다. 이것이 석가가 왕자라는 신분을 버리고 출가하여 스스로 생각을 하게 된 동기였죠. 석가는 이렇게 생각했습니다. '노, 병, 사의 고통은 결코 없애지 못한다. 없앨 수 없는 것을 억지로 없애려 한들 고통만 커질 뿐이다. 따라서 노, 병, 사는 사실로 받아들이되 이를 고통이라 생각지 않는 삶을 강구해야 한다.' 그러면 노, 병, 사는 어떠한 심리적 구조에 따라 고통으로 바뀌게 될까요. 그 구조를 이해하려면 우리들의 정신이 어떻게 작용하는지를 알아야만 합니다. 여기서 비로소 자신의 마음속을 분석적으로 바라보는 자세가 나오지요.

석가가 윤회를 받아들인 이유

P 석가는 반(反)브라만교의 관점에서 신을 부정했지만 브라만교가 가르치는 자연계의 법칙만큼은 받아들였다, 그렇게 봐도 되겠습니까? 윤회가 실제로 존재하는지는 아무도 본 사람이 없으므로 증거가 없습니다만, 브라만교에서는 윤회가 존재한다고 여깁니다. 석가는 윤회를 자연계의 법칙으로 간주하며 브라만교에서 이어받은 셈이군요?

정확히 브라만교를 통해 이어받았다기보다는 당시 인도 사회의 전체적 통념으로서 윤회라는 세계관을 받아들였다고 봐야겠지요. 브라만교에서는 우주의 법칙을 신이 관장하는 것으로 보았지만, 석가의 생각은 달랐습니다. 세상의 법칙은 누가 만든 것이 아니고, 처음부터 법칙으로서 세상에 존재했다고 말합니다.

이렇게 불교는 브라만교의 세계를 부정하며 브라만교의 신들을 주역의 자리에서 끌어내리고 조연으로 밀어냈습니다. 그것이 범천, 제석천•, 변재천••과 같은 우리들에게도 친숙한 신들이지요. 브라만교에서는 주역을 꿰찼던 신들도 불교에서는 우리들 인간과 같이 생명체의 또 다른 형태에 불과합니다. 따라서 세계를 움직일

• 帝釋天. 인도의 신 인드라Indra를 불교에서 수용한 형태로, 불법을 지키는 수호신이다.

•• 辯才天. 인도의 여신 사라스바티Sarasvatī를 불교에서 수용한 형태로, 노래와 음악을 주관한다.

만한 힘은 없습니다. 브라만교에서 범천은 죽지 않는 신이지만, 불교에서는 범천과 제석천 모두 죽습니다.

P 지배자의 자리에서 내려왔다면 불교에서 범천은 어떤 역할을 맡습니까?

단순한 불교 신자지요. 불교에서 범천이나 제석천이라는 명칭은 신의 고유명사가 아닌 단순한 직책명입니다. 그러므로 범천이 죽으면 그 직책만이 남게 되고, 다른 이가 범천으로 환생합니다. 회사의 사장이나 과장과 마찬가지라고 보면 됩니다.

불교가 브라만교의 신들을 완전히 부정하는 대신 포용하는 태도를 취한 것은 그래야만 불교가 성립할 수 있었기 때문일 겁니다. 이전 세계에 존재했던 모든 것을 부정하면 그 누구도 석가의 가르침에 귀를 기울이지 않겠지요. 따라서 석가는 종전의 세계관을 어느 정도 받아들인 연후에 새로운 세계관을 구축했습니다.

후세의 대승불교는 이러한 석가의 가르침에 거듭 새로운 사고방식을 쌓아나가게 됩니다. 따라서 대승불교는 그렇게까지 석가를 칭송하지 않습니다. 나중에 추가된 아미타불이나 관음보살만 활약한다는 점이 대승불교의 특징 중 하나입니다.

인간에게 불교란 무엇인가

고통에서 벗어나는 방법

이제 불교의 정의를 설명하겠습니다. 불교란 무엇일까요. 불(佛), 법(法), 승(僧). 이른바 삼보(三寶)입니다.

여기서 '불'은 설명할 필요도 없이 부처를 의미합니다. 이후 등장하는 대승불교에서는 아미타불이나 약사여래• 등 다양한 부처가 등장하므로 그들까지 부처에 포함되겠지만, 본래는 석가만을 말합니다. 이 '불'을 신봉하는 것이 불교의 첫 번째 원리입니다.

세 번째인 '승'은 보통 승려를 뜻한다고 여겨지기 쉽습니다만,

• 藥師如來. 중생의 질병을 치료하고 재앙을 없애준다고 하는 부처.

본디 '승'은 '상가saṃgha'라는 산스크리트어에서 온 말로 '집단'이라는 뜻입니다. 즉, '승'이란 출가한 승려들로 조직된 수행 집단인 승가(僧伽)를 의미하지요. 불교는 본질적으로 조직적인 종교입니다.

승가는 석가의 가르침에 따라 수행을 하는 출가자들로 구성됩니다. 수행을 쌓아 스스로를 계발하여 노, 병, 사의 반복인 윤회에서 탈출하자는 목표를 두고 있지요. 따라서 불교란 부처(불)를 신봉하는 이들이 부처의 가르침(법)을 지키며 집단으로 수행하는 상태(승)를 이르는 말입니다.

지금의 일본에서는 이 승가라는 조직의 의미가 흐려져서 '승'이 탈락하고 '불'과 '법'만이 남고 말았습니다. 승려는 있지만, 승려가 모여서 석가가 만든 규칙을 따르며 집단적으로 살아가는 승가라는 조직은 없지요. 여기에 대해서는 다음에 다시 설명하겠습니다.

삼보를 갖춘 불교에서는 이어서 언급할 세 가지 기본 이념이 있습니다.

첫 번째, 초월자의 존재를 인정하지 않고 현상세계•를 법칙성에 따라 설명할 것.

두 번째, 노력의 영역을 육체가 아닌 정신에 한정할 것.

세 번째, 출가자로 구성된 집단생활(승가)을 수행의 체제로 택하고 일반 사회의 우수리를 얻어 생계를 꾸릴 것.

특히 중요한 사항은 두 번째입니다. 여기서 말하는 '노력'이란

• 現象世界. 지각이나 감각으로 경험할 수 있는 세계.

자기 자신을 관찰하여 심적 작용을 바르게 이해하고, 내면의 번뇌를 스스로의 힘으로 제거해나가는 일이지요. 우리들의 마음속에는 다양한 현상을 고통으로 바꾸는 장치가 자리 잡고 있습니다. 그 장치가 바로 불교에서 말하는 '번뇌'입니다. 고통에서 벗어나려면 번뇌를 스스로 개조하거나 파괴해야만 하지요. 이를 위한 과정이 바로 '수행'입니다.

번뇌의 한 예로는 매사에 대한 집착이 있습니다. 어떤 존재를 미워하는 증오의 감정도 있겠지요. 하나같이 인간이 생명체로서 진화하는 가운데 획득한 당연한 심적 기능입니다만, 불교에서는 우리들이 본래 지닌 기능 자체가 고통의 근원이라고 생각합니다. 그러니 날마다 그 근원을 깎아 없애야 합니다. 번뇌를 끊어내기 위해 수행을 거듭해야 한다는 말이지요.

'세상의 중심은 나'라는 착각

번뇌의 수는 생각하기에 따라 얼마든지 줄어들 수도, 늘어날 수도 있으므로 반드시 108개라고 할 수는 없습니다. 그리고 번뇌가 몇 개든 그중에서 가장 강한 우두머리는 '무명(無明)'이란 이름의 번뇌입니다. '명'은 '지혜'를 뜻하니 무명이란 지혜가 없음을 말합니다. 쉽게 표현하자면 '어리석음'이지요. 어리석음에도 다양한 종류가 있습니다만, 무명은 매사를 바르고 객관적으로 바라보지 못하는 본질적 결함을 뜻합니다. 이 무명을 없앤다면 온갖 번뇌가 사라지게 되는 것입니다.

매사를 바르게 보지 못하는 이유는 앞서 언급했듯이 세계의 중심은 자신이라고 여기기 때문입니다. 이때 생겨나는 착각이 바로 무명이지요. 사실 자신이라는 존재는 세계의 중심이 아니며, 애당초 자신이라는 존재 또한 지극히 불안정한 허구입니다. 그런 자신의 생각과 현실세계의 사이에서 생기는 괴리감이 고통의 원인이 됩니다.

번뇌가 생겨나는 가장 큰 원인은 우리들의 생존 욕구 때문이 아닐까요. '영원토록 살고 싶다'라는 바람이 자기중심적인 세계관에서는 저도 모르는 사이에 '영원토록 살 수 있을 거야'라는 착각으로 변질되고 맙니다. 오늘 건강하더라도 내일 느닷없이 죽음과 직면하게 될지도 모르는 게 현실인데, 그러한 현실과 착각의 괴리가 우리들의 마음에 고통으로 다가온다는 말입니다.

이 고통을 해소하려면 자기중심적인 그릇된 세계관을 바로잡아야 합니다. 말처럼 쉬운 일은 아니겠지요. 아무리 '세상의 중심은 내가 아니다'라고 스스로를 타이른들 무심결에 자기중심적으로 매사를 바라보게 되는 법입니다.

날마다 훈련을 거듭하여 그러한 마음가짐을 바로잡으라는 것이 석가의 가르침이지요.

오랜 시간 조금씩, 천천히, 집중해서

번뇌를 없애기 위한 수행에 '순간의 깨달음'과 같은 편한 방법은 없습니다. 오랜 시간을 들여서 조금씩, 천천히 쌓아나갈 수밖에 없지요. 기나긴 시간과 기력이 필요하므로 일상의 허드렛일과 수행은 양립하기 어렵습니다. 수행에만 집중적으로 매진하려면 수행을 위한 특별한 공간에 몸담아야 하므로 수행만이 유일한 목적인 '승가'라는 조직이 필요하게 됩니다.

승가는 과학자의 세계와도 흡사하지 않을까요. 과학자의 목적은 지적 호기심의 충족입니다만, 이를 위한 연구는 짬짬이 할 수 있는 일이 아니지요. 우주의 진리를 밝혀내려면 고도로 집중된 상태를 오랫동안 유지해야 합니다. 그렇기 때문에 일상적인 일은 그만두고 연구의 세계에 평생을 바치는 셈이니 그야말로 출가자의 삶이라고 볼 수 있겠습니다. 석가는 제자들에게 그런 삶을 요구했지요.

그러니 생산을 위한 일은 승가에서 결코 허용되지 않습니다. 무직, 무수입으로 살아가야만 합니다. 하지만 굶어 죽을 수는 없는 일이니 최소한의 음식을 다른 이에게 얻습니다. 그릇을 들고 집집을 돌아다니며 남은 음식을 얻는다, 흔히 말하는 탁발(托鉢)이지요.

하루치의 식량이 모이면 그것을 먹고, 절에 돌아가 수행을 합니다. 받은 음식물을 보존해서는 안 됩니다. 보존을 허용하면 '내일을 위해 조금 더 얻어두자'라는 소유욕이 싹트기 때문입니다.

음식물 외에도 일용품, 의류, 주거에 이르기까지 모든 자산은 다른 이에게 받은 것으로 충당합니다. 이렇듯 남에게 얻는 물자를 한데 묶어 보시(布施)라고 부릅니다. 보시를 받아 살아가는 이상, 승가는 성실하게 수행하는 모습을 모든 사람에게 보여줘야 합니다. 이는 사회적 신용도로 이어져 '승가 사람들은 성실한 수행승이니 보시를 내줄 만한 가치가 있다'라는 평가로 돌아오게 되지요.

수행하는 모습을 모든 사람에게 보여준다, 다시 말해 이는 불교 사원이 24시간 모두에게 공개된 공공장소임을 의미합니다. 그리고 당연한 이야기지만 수행하지 않으면서 '수행한다'라고 말하거나 깨닫지도 못했으면서 '깨달았다'라고 말해서는 결코 안 됩니다. 보시를 베풀어준 사람들을 배신하는 행위이기 때문입니다. 깨닫지 못했으면서 깨달았다고 거짓말을 한 승려는 승가에서 영원히 추방됩니다.

윤회를 믿지 않고도 불교 신자일 수 있다?

P 조금 전에 말씀하신 불교의 세 가지 이념에 대해 질문이 있습니다.

첫 번째, 초월자의 존재를 인정하지 않으며 현상세계의 법칙성에 따라 설명할 것.

두 번째, 노력의 영역을 육체가 아닌 정신에 한정할 것.

세 번째, 출가자로 조직된 집단생활을 수행 체제로 택하여 일반 사회의 우수리를 받아 생계를 꾸릴 것.

불교의 이념은 이 세 가지라고 하셨는데, 두 번째와 세 번째 이념은 편안한 마음으로 살아가기 위한 방법을 논하는 철학처럼 보입니다. 고통을 없애고 더욱 나은 삶을 누리기 위한 방법론이지요. 이는 과학과는 무관한 이념인데, 일본에서 불교를 믿는 사람들 대부분은 주로 두 번째와 세 번째 이념에 고개를 끄덕이지 않을까요.

그에 비해 초월자의 존재를 인정하지 않고 현상세계를 법칙성에 따라 설명한다는 첫 번째 이념은 과학의 자연관과 부합합니다. 물리학자도 초월자의 존재는 인정하지 않으며 자연계에 법칙이 있다고 생각하니까요. 다만 불교는 실험이나 관측을 통해 검증할 수 없는 것을 가정한다는 점에서 과학과 다릅니다. 예를 들어 저는 윤회를 불교의 주요 개념이라고 보는데, 이건 검증할 방도가 없지 않습니까. 윤회는 처음부터 불교에 포함되어 있던 개념이라고 보아도 될까요?

그렇습니다. 석가가 살았던 당시의 인도에서 윤회는 당연한 사회적 통념이었습니다. 그러니 불교도 그 틀을 받아들였지요. 아마 당시의 석가는 어떠한 의심도 품지 않은 채 윤회를 받아들이고, 거기에 자신의 지혜를 더하여 세계관을 구축했으리라고 봅니다. 과학자에게도 아무런 의심 없이 받아들이는 통념은 있겠지요.

P 옳으신 말씀입니다. 과학자도 과거에 확립된 과학적 법칙을 계승하여 세계를 이해하고자 합니다. 하지만 과학에서는 기존에 확립된 법칙이 있다 하더라도 새로운 견해가 등장하면 수정되거나 확장될 때가 있습니다. 뉴턴의 중력이론을 극복한 아인슈타인이 그 예겠지요.

그 점은 불교도 마찬가지입니다. 2500년 전의 인도에서는 윤회가 당연한 사회적 통념이었지만, 지금의 일본인에게는 그렇지 않습니다. 따라서 우리들은 윤회를 신앙의 토대로 삼지 못합니다. 저 자신도 윤회를 믿지 않으니까요.

P 아하, 그러셨군요.

네, 그렇습니다. 윤회를 믿는다는 것은 단순히 부활을 믿는 것이 아니라 특정한 세계관을 인정하는 일입니다. 이 세상에는 천상도, 인간도, 축생도, 아귀도, 지옥도, 수라도라는 여섯 가지 영역이 실재하며, 생명체는 그 영역 안에서 영원토록 삶과 죽음을 반복한다는 사고방식이 바로 윤회지요. 석가는 윤회라는 밑바탕 위에 자신의 이론을 구축한 셈인데, 이를 지금의 우리들에게 그대로 받아들이라는 것은 억지입니다.

P 특히 이슬람교가 그렇습니다만, 일신교에서는 종교의 모든

가르침을 그대로 받아들일 것인지, 혹은 전혀 믿지 않을 것인지, 흑이냐 백이냐의 두 가지 선택지만을 강요하는 경향이 있습니다. 이를테면 무함마드의 말을 조금이라도 부정하면 이슬람교도가 아니라는 것이지요. 불교는 그렇지 않습니다. 석가의 말씀 일부를 받아들이지 않고도 불교 신자일 수 있다는 말이군요.

물론 석가의 가르침을 하나부터 열까지 고스란히 믿어야만 불교 신자라고 주장하는 사람들도 있습니다. 하지만 불교에는 절대자의 말을 사람들에게 전파하라는 사명이 없으니 석가의 가르침을 모두 믿든, 부분적으로 믿든, 아니면 모두 부정하든, 그에 따라 복을 받거나 벌을 받는 일은 없습니다. 말하자면 불교라는 도구를 어떻게 사용하여 어떻게 살아갈지는 각자의 판단에 맡기고, 책임도 스스로 짊어져야 하는 세계지요.

저 자신은 윤회를 믿지 않습니다만 윤회라는 바탕에 석가가 쌓은 세계관, 특히 개인의 노력 여하에 따라 번뇌를 끊어내고 고통에서 벗어날 수 있다는 부분은 제게 도움이 됩니다. 그런 의미에서 보자면 저는 불교의 신봉자입니다.

P 그렇군요. 그러면 세 가지 이념 중 두 번째와 세 번째는 그대로 받아들이고, 첫 번째 이념에 대해서는 갱신된 법칙을 받아들인다는 말씀이시군요.

석가가 생각한 세 가지 기본 원리

그럼 석가가 생각한 세상의 법칙, 다시 말해 기본 원리에 대해 이야기해보겠습니다. 기본 원리는 모두 세 가지. 제행무상(諸行無常), 제법무아(諸法無我), 일체개고(一切皆苦)입니다. 이 세 가지를 불교의 '삼법인(三法印)'이라고 하는데, 연기라는 법칙성에 따라 움직이는 세상의 양상을 정리한 세 가지 공식입니다.

앞서 말했듯이 모든 현상이 연기를 통해 원인과 결과로 이어지는 한, 어떤 존재가 같은 형태로 영원히 계속될 수는 없습니다. 이를 '제행무상'이라고 합니다. '제법무아'는 세상의 중심에 자신(我)이 존재한다는 생각은 착각이라는 뜻입니다. 제법의 '법'은 불, 법, 승의 법(부처의 가르침)이 아닌 '세상의 실체'를 의미합니다.

제행무상과 제법무아라는 두 가지 진리를 모르면 삶 자체가 고통으로 다가올 것입니다. 이를 '일체개고'라고 합니다. 불교에서는 이 세 가지를 내세웁니다. 즉, 삼법인을 통해 '불교의 세계관은 이러하다'라고 주장합니다.

P 과학에 '일체개고'는 없습니다만 '제행무상'과 '제법무아'는 과학자라도 쉽게 받아들일 수 있는 사고방식 같습니다. 제가 연구하는 물리학은 환원주의•를 기반으로 삼은 과학

• 還元主義. 복잡하고 추상적인 사상 혹은 개념을 기본 요소로 환원하여 설명하려는 경향.

> 이니 어떤 근본적인 요소에서 무엇이 도출되는지를 명확하게 구별해야만 합니다. 온도라는 개념을 예로 들자면, 미시세계에서 온도는 원자의 운동으로 환원됩니다. 온도란 바로 원자의 운동에서 비롯된 에너지의 평균이죠. 온도의 근원에는 원자의 운동이 존재하며, 온도는 그 근사적 표현이라는 말입니다.
>
> 이와 마찬가지로 우리들의 의식 또한 실제로는 1000억 개가 넘는 뇌신경세포의 집단적 행동이라는 근원에서 비롯된다고 생각합니다. 즉, 의식은 세포 단위에서의 정보 전달을 뜻하는 표현이지요. 그러니 '제법무아', 다시 말해 '자신(我)'이 존재한다는 발상은 착각이란 말이 그렇게까지 어색하게 들리지는 않습니다.

이후에 제대로 설명하겠습니다만, 석가의 가르침을 후세의 불제자들이 체계화한 '아비달마(阿毘達磨)'라는 불교철학에서는 이 세상의 구성 요소를 '외부의 물질세계'와 '내부의 심적 세계', '에너지 개념'으로 구분합니다. 물질은 다시 '인식하는 물질'과 '인식되는 물질'로 나뉩니다. 이런 식으로 구분을 해나가면 〈도표2-1〉처럼 75개 요소가 되지요. 이 75개 요소가 세상을 형성하는 실질적인 요소입니다. 물리학의 관점에서 보자면 소립자 일람표라고나 할까요.

도표를 살펴보면 '나(我)'는 어디에도 존재하지 않습니다. 여기에 있는 75개 요소가 다양한 조건에서 모이고 흩어지는 가운데 태어나는 하나의 집합체가 '나'일 뿐입니다. 이는 원자의 운동과 온도의 관계와 유사할지도 모르겠군요. 그 집합체는 인과율에 따라 곧이어 다른 것으로 변용하니 보편적인 '나'는 성립하지 않는 셈입니다.

P '나'는 더욱 근원적인 요소에서 도출되는 개념이므로 '제법무아'가 된다는 말이군요.

세상은 고통스럽지만 벗어날 방법은 있다

제행무상, 제법무아, 일체개고의 '삼법인'에 더하여 불교에는 '사제(四諦)'라는 말도 있습니다. '고(苦), 집(集), 멸(滅), 도(道)'의 네 가지로, 사제는 불교가 우리들에게 어떠한 점에서 유익한지를 제시합니다. '제'는 '진리'를 뜻합니다. 산스크리트어로는 '사티야'라고 하지요. 과거 세상을 떠들썩하게 한 옴진리교•가 자신들의 시설을 '사티야'라고 불렀다는 사실을 많은 분들이 기억하고 계시리라 봅니다. 사제는 '네 가지 진리'라는 뜻입니다.

여기서 '고'는 따로 설명하지 않아도 되겠지요. 일체개고의 '고'

• 1984년에 조직된 일본의 신흥종교 단체로, 1995년 3월 20일 도쿄 지하철에 사린가스를 살포하는 테러를 저질러 전 세계에 널리 알려졌다. 이 테러로 12명이 목숨을 잃었고, 5000여 명이 가스에 중독되었다.

입니다. 세상은 본질적으로 고통이라는 진리지요. 이어서 '집'은 '원인'을 의미하는 산스크리트어에서 따왔으니 한자는 크게 신경 쓰지 마십시오. '고'의 원인을 '집'이라고 부릅니다.

우리들의 고통은 노(老), 병(病), 사(死)라는 피하기 어려운 재난에서 비롯되지만 이들을 고통의 원인이라 여겨서는 안 됩니다. 불교의 목적은 고통의 해소이기 때문에 노, 병, 사를 고통의 원인으로 받아들이면 노, 병, 사를 없애야 합니다. 늙고 병들어 죽는 일은 불가피한 현상입니다. 따라서 노, 병, 사를 고통의 원인, 다시 말해 '집'이라 여기지는 않습니다.

그렇다면 무엇이 '집'일까요. 불교에서는 노, 병, 사의 변용에서 생겨나는 심리적 시스템이야말로 고통의 원인이라고 생각합니다. 그 심리적 시스템이 바로 우리들의 마음속에 자리 잡은 번뇌지요. '무명'을 중심으로 한 그릇된 견해, 사고방식이 '집'입니다.

세 번째로 '멸'은 '집을 없앨 수 있을까?'라는 물음에 대한 답입니다. 스스로 노력하면 고통의 원인을 없앨 수 있다는 의미이지요.

그리고 네 번째인 '도'는 '멸'을 실현하기 위한 방법입니다. 석가가 알려주는 훈련 방법을 믿고 실천하라는 의미입니다.

재차 '고, 집, 멸, 도'의 흐름을 정리하자면 '이 세상은 고통스럽지만 원인을 없앨 방법은 분명히 있다. 그러니 그 방법을 믿고 바른 길로 나아가자'라는 말이 되겠습니다. 이것이 바로 '사제'에 담긴 의미입니다.

도표2-1 아비달마에 따른 '세상'의 구성 요소(75법)

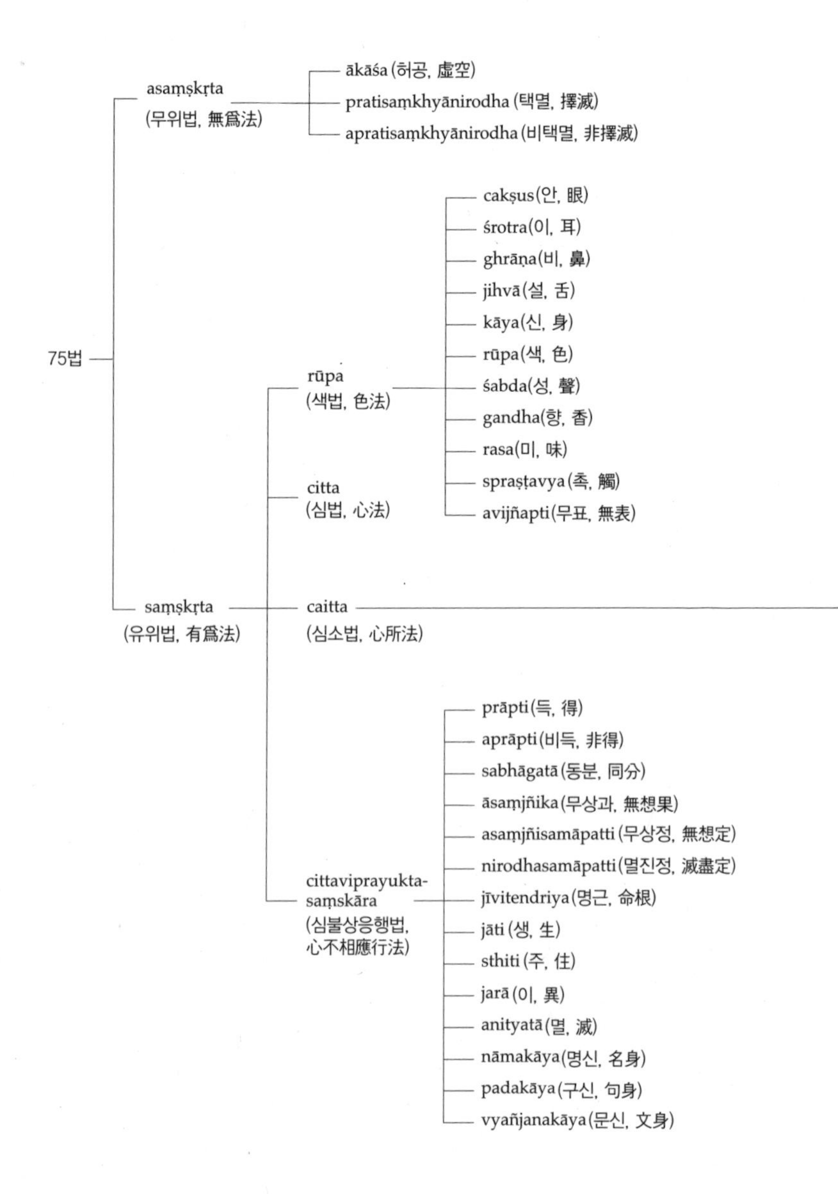

- mahābhūmika (편대지법, 遍大地法)
  - vedanā (수, 受)
  - saṃjñā (상, 想)
  - cetanā (사, 思)
  - sparśa (촉, 觸)
  - chanda (욕, 欲)
  - prajñā (혜, 慧)
  - smṛti (념, 念)
  - manaskāra (작의, 作意)
  - adhimokṣa (승해, 勝解)
  - samādhi (삼마지, 三摩地)
- kuśala-mahābhūmika (대선지법, 大善地法)
  - śraddhā (신, 信)
  - vīrya (근, 勤)
  - upekṣā (사, 捨)
  - hrī (참, 慚)
  - apatrāpya (괴, 愧)
  - alobha (무탐, 無貪)
  - adveśa (무진, 無瞋)
  - ahiṃsā (불해, 不害)
  - praśrabdhi (경안, 輕安)
  - apramadā (불방일, 不放逸)
- kleśa-mahābhūmika (대번뇌지법, 大煩惱地法)
  - avidyā (무명, 無明)
  - pramadā (방일, 放逸)
  - kauśīdya (해태, 懈怠)
  - āśraddhya (불신, 不信)
  - styāna (혼침, 惛沈)
  - auddhatya (도거, 掉擧)
- akuśala-mahābhūmika (대불선지법, 大不善地法)
  - āhrīkya (무참, 無慚)
  - anapatrāpya (무괴, 無愧)
- parīttakleśabhūmika (소번뇌지법, 小煩惱地法)
  - krodha (분, 忿)
  - mrakṣa (복, 覆)
  - mātsarya (간, 慳)
  - īrṣyā (질, 嫉)
  - pradāsa (뇌, 惱)
  - vihiṃsā (해, 害)
  - upanāha (한, 恨)
  - śāthya (첨, 諂)
  - māyā (광, 誑)
  - mada (교, 憍)
- aniyata (부정지법, 不定地法)
  - kaukṛtya (악작, 惡作)
  - middha (수면, 睡眠)
  - vitarka (심, 尋)
  - vicāra (사, 伺)
  - rāga (탐, 貪)
  - pratigha (진, 瞋)
  - māna (만, 慢)
  - vicikitsā (의, 疑)

불교가 전파된 두 가지 경로

스리랑카에서 동남아시아 일대에 전파된 경전

잠시 역사와 지리에 관해 이야기할까 합니다. 석가는 인도 북부를 중심으로 활동했습니다. 걸어서 포교를 했으니 석가 자신이 일생 동안 돌아다닐 수 있었던 곳은 꽤 좁은 지역으로 한정됩니다. 불교는 석가가 입적한 이후에 점차 주변 지역으로 퍼져 나가게 되지요.

불교가 바다 건너 스리랑카로 전해진 것은 기원전 3세기 무렵이라고 합니다. 석가는 기원전 5세기경의 인물이니 스리랑카는 비교적 이른 시점에 불교를 도입한 셈입니다. 당시 스리랑카에 전해진 불교에는 인도의 지방 방언 중 하나인 팔리Pali어라는 언어가 쓰이고 있었습니다. 팔리어를 사용하는 불교가 먼저 스리랑카로 유입

되었고, 스리랑카를 기점으로 다시 동남아시아로 퍼져 나갔지요.

당시는 대승불교가 탄생하기 전이므로 스리랑카에 전래된 불교는 석가가 창시한 고유의 불교였습니다. 게다가 스리랑카 사람들은 불교를 자신들의 언어로 번역하는 대신에 외국어인 팔리어의 형태로 고스란히 받아들이고 익혔습니다.

그렇기 때문에 지금도 스리랑카에서 승려가 될 사람들은 스리랑카어와는 별도로 팔리어도 배우게 됩니다. 고대 인도의 어느 지방 방언이 현대까지 그대로 남아 있다니, 정말이지 보기 드문 일입니다.

스리랑카 불교가 이후 동남아시아로 전해졌기 때문에 태국이나 미얀마 등의 동남아시아 국가에서도 승려들은 팔리어로 경을 읊습니다. 따라서 스리랑카와 태국의 승려는 모국어가 달라도 팔리어로 대화를 나눌 수 있습니다.

이때 스리랑카에 전해진 경전을 일반적으로 『팔리삼장』이라 부르는데, 『팔리삼장』은 크게 '율장(律藏)', '경장(經藏)', '논장(論藏)' 세 가지로 나뉩니다. '장(藏)'이란 분류하여 넣어두는 바구니 같은 것을 의미하는데, '장'이 세 개이기 때문에 '삼장(三藏)'이라고 합니다.

석가가 직접 남긴 율장 · 경장, 후대가 정리한 논장

삼장 중에서 첫 번째인 '율장'은 이름처럼 법률을 의미합니다. 승가라는 집단을 운영하려면 조직 운영에 필요한 법규가 있어야만 합니다. 율장은 그 규칙을 기록한 장으로, 의식주를 비롯한 승려의 생활 방식이 세부적으로 정해져 있습니다. 일본에는 거의 전해지지 않았으니 일본의 승려 중에 율장을 아는 사람은 거의 없을 것입니다. 하지만 일본을 제외한 대부분의 불교 국가에서는 모든 승려가 율장에 따라 생활하고 있습니다.

율장에서 엄격히 금지된 행위 중 하나가 바로 음주입니다. 그렇지만 일본의 승려는 그 사실을 모르기 때문에 다른 불교 국가를 방문해서도 편의점에서 맥주를 사서 마시고는 하지요. 그곳에서 승려가 맥주를 마신다는 것은 당치도 않은 일이므로 현지인들은 놀랄 수밖에 없습니다. 결과적으로 그 장면이 인터넷에 올라와서 지금은 승려의 음주가 문제시되고 있습니다. 이처럼 같은 승려라 해도 율장을 아는지 모르는지에 따라 큰 차이가 있습니다.

두 번째로 '경장' 또한 이름 그대로 경전을 뜻합니다. 깨달음을 얻기 위해 석가가 남긴 설명서지요. 〈도표2-2〉처럼 다섯 개의 부로 정리되어 있는데, 세부적인 경전까지 모두 합치면 약 4000편의 경전이 담겨 있습니다. 이를 『아함경(阿含經)』 혹은 『니까야Nikāya』라고 부릅니다. '율장'과 '경장' 모두 석가가 남긴 말이라 받아들여지고 있지만, 문헌학적으로 보자면 대부분 석가 이후의 시대에 기록된 것입니다. 그중에 석가가 한 말이 정말로 존재하는지 묻는다면 확실한 증거는 없습니다. 입에서 입으로 퍼지는 사이에 제자들의 해석 등이 가미되어 점점 늘어났다고 생각됩니다.

남방불교 국가의 역사서에 따르면, 불교 경전이 처음으로 문자화된 때는 기원전 1세기경으로 추정됩니다.

도표2-2 **『팔리삼장』**

- **율장(律藏, 비나야 삐따까)**
  팔리율(Pali律)

- **경장(經藏, 숫따 삐따까)**
  1. 장부(長部, 디가 니까야) (34경)
  2. 중부(中部, 맛지마 니까야) (152경)
  3. 상응부(相應部, 상윳따 니까야) (56편)
  4. 증지부(增支部, 앙굿따라 니까야) (1장부터 11장까지)
  5. 소부(小部, 쿳다까 니까야) (이하의 15경. 가장 오래된 경전부터 최근의 경전까지 다양한 경전이 모여 있다.)

  ①소송(小誦, 쿳다까빠따) ②법구(法句, 담마빠다)
  ③자설(自說, 우다나) ④여시어(如是語, 이띠붓따까)
  ⑤경집(經集, 숫따니빠따) ⑥천궁사(天宮事, 비마나밧투)
  ⑦아귀사(餓鬼事, 뻬따밧투) ⑧장로게(長老揭, 테라가타)
  ⑨장로니게(長老尼揭, 테리가타) ⑩본생(本生, 자따까)
  ⑪의석(義釋, 닛데사) ⑫무애해도(無碍解道, 빠띠삼비다막가)
  ⑬비유(譬喻, 아빠다나) ⑭불종성(佛種姓, 붓다밤사)
  ⑮소행장(所行藏, 짜리야삐따까)

- **논장(論藏, 아비담마 삐따까)**
  1. 법집론(法集論, 담마상가니)
  2. 분별론(分別論, 비방가)
  3. 계설론(界說論, 다뚜까타)
  4. 인시설론(人施設論, 뿍갈라빤냐띠)
  5. 논사(論事, 까타밧투)
  6. 쌍론(雙論, 야마까)
  7. 발취론(發趣論, 빳타나)

문자화된 이후에도 수백 년 동안은 '나는 이렇게 생각한다', '아니다, 나는 다르게 해석한다'라는 식으로 삼장에 대한 토론과 자유로운 해석이 오고 갔습니다. 그러다가 5세기 무렵 스리랑카에 붓다고사•라는 고승이 나타나 '이 글귀의 뜻은 이러이러하다'라고 해석을 하나로 정리했습니다. 이후로 해석이 바뀌는 일이 사라졌고, 이때부터 석가의 가르침이 고정되었습니다. 석가의 가르침을 둘러싼 논쟁이 모습을 감추면서 불교는 어떤 의미에서는 답답한 권위주의적 종교로 변한 셈입니다. '율장'과 '경장'은 모두 원칙적으로 보자면 석가가 직접 남긴 말이지만 세 번째인 '논장'은 석가 이후의 사람들이 쓴 것입니다. 석가가 세상을 뜬 이후에 만들어진 '불교철학서'의 집대성을 가리키지요.

세상의 실체는 무엇인가

이상이 '삼장'입니다만, 삼장에 관한 주석서(삼장주석) 역시 산더미처럼 생겨났습니다. 주석에 주석이 달리고, 그 주석에 또다시 주석이 달리는 형태로 끝없이 늘어난 것이지요.

그 외에도 『팔리삼장』에는 누가 썼는지 모르지만, 중요한 책이

• Buddhaghoṣa. 중부 인도에서 태어난 브라만 출신의 승려로, 430년경 스리랑카로 건너가 토착어로 기록된 삼장을 팔리어로 번역하고 주석서를 남겼다.

상당수 포함되어 있습니다. 예를 들자면 『밀린다왕 문경(彌蘭陀王問經)』이 있지요. 밀린다는 알렉산드로스 대왕 이후 헬레니즘 시대•에 지금의 파키스탄에서 아프가니스탄 부근을 지배한 그리스의 왕입니다. 교양이 풍부한 문인이기도 했던 밀린다왕은 인도의 고승과 철학적인 토론을 나누었습니다. 그 대담을 기록한 책이 바로 『밀린다왕 문경』입니다.

그리스 철학자와 인도의 불교인이 '세상의 실체란 무엇인가'라는 문제를 둘러싸고 격론을 펼치는 무척 흥미로운 내용을 담고 있습니다. 다만 유감스러운 점은 불교의 관점에서 정리한 책이기 때문에 승패는 처음부터 불교의 승리로 정해져 있다는 사실이지요. 실제 대담을 그대로 기록한 책은 아니라는 뜻입니다.

『도사(島史)』라는 책도 중요합니다. 이 책은 스리랑카에 현존하는 가장 오래된 역사서인데, 스리랑카에 불교가 전해진 유래가 실려 있습니다. 『도사』는 또한 알려진 범위에서는 가장 오래된 불교사 자료이기도 합니다.

• 독일의 역사가 요한 구스타프 드로이젠(Johann Gustav Droysen, 1808~1884년)이 처음 사용한 명칭으로, 일반적으로 알렉산드로스 대왕이 정복 활동을 펼친 기원전 330년부터 약 300년 동안을 뜻한다.

이상으로 스리랑카에서 동남아시아 일대에 전해진 『팔리삼장』에 대한 소개를 마치겠습니다. 『팔리삼장』이 바다를 건너 스리랑카로 전해진 때는 앞서 언급했듯이 기원전 3세기 무렵입니다. 그렇다면 인도의 북쪽, 중국에는 언제 불교가 전해졌을까요?

불교가 인도에서 중국으로 전해지기 위해서는 실크로드가 개척되기를 기다려야만 했습니다. 스리랑카를 비롯하여 남쪽으로는 비교적 이른 시점에 바다를 통해 불교가 널리 퍼졌습니다만, 북쪽으로 진출하려면 육로를 통해야만 했으니까요. 조금 전에 소개한 『팔리삼장』, 특히 '삼장'에 해당하는 부분은 북쪽으로도 전해졌지만 기원 전후 시대에 실크로드가 열리기 전까지는 인도의 출구에서 발이 묶여 있었습니다.

그동안 인도에서는 기존의 불교와 다른 대승불교가 새로이 탄생했습니다. 석가가 창시한 원래의 불교가 실크로드라는 문이 열리기를 기다리는 사이에 대승불교가 뒤이어 도착한 셈이지요. 그러니 마침내 문이 열렸을 때는 석가의 불교와 대승불교가 어깨를 맞대고 중국에 들어오게 되었습니다.

당연히 중국 사람들은 난감했습니다. 서로 다른 얼굴을 지닌 종교가 똑같이 불교라는 이름으로 들어왔으니까요. 그래서 중국에서는 불교에 담긴 내용을 둘러싸고 수백 년이 넘도록 혼란한 상태가 이어졌습니다.

수백 년에 걸쳐 간신히 정리가 끝났지만, 그 또한 결코 올바르지는 않았습니다. 석가가 직접 썼다고 여겨지는 오래된 경전과 대승불교가 성립된 이후에 제작된 새로운 경전이 하나로 뭉뚱그려져 '경전'으로 들어왔으니 그 시간적 깊이를 이해하기 어려웠겠지요. 그래서 중국은 경전이라고 이름 붙은 모든 책을 석가의 가르침으로 받아들이게 되었습니다.

결과적으로 같은 석가가 남긴 말인데도 경전에 따라서는 내용이 완전히 바뀌고 말았습니다. 그래서 '석가는 상대방의 수준에 따라 다른 가르침을 내리지 않았을까'라든지, '석가가 젊었을 때는 그다지 깊이 있는 말을 하지 못했지만, 죽음을 앞두고서는 진정 하고 싶었던 말을 남길 수 있었을 것이다'라는 식으로 내용의 차이를 설명하게 되었습니다. 다시 말해 '다양한 경전에는 석가라는 한 인물의 생애가 자리 잡고 있다'라는 것이 중국에서 말하는 불교학의 본질입니다.

그러면 당연히 사람마다 중요시하는 경전이 달라집니다. 『반야경(般若經)』을 석가의 참된 가르침이라 여기는 사람이 있으면 『법화경(法華經)』을 불교의 중심으로 보는 사람도 있습니다. 각자의 개성이나 가치관에 따라 다른 경전을 선택한다는 말이지요. 이렇게 해서 불교에는 다양한 종파가 생겨나게 되었습니다.

여기서 중요한 점은 그렇게 다양한 경전을 선택하는 가운데, 가장 오래전에 성립된 『아함경(阿含經, 니까야)』을 선택한 종파가 중국에는 없었다는 사실입니다. 선택을 받은 것은 앞서 열거한 『반야경』이나 『법화경』과 같은 대승불교의 경전들뿐이었지요. 이유가 뭘까요? 일반인에게는 종교적 신비성이 더 높은 대승불교가 인기를 누렸기 때문입니다.

석가의 불교는 노력에 따른 자기 변혁을 추구하지만 대승불교는 그렇지 않습니다. 불가사의한 힘에 모두가 구원받을 수 있다고 말합니다. 어느 쪽이 대중의 마음을 휘어잡았을지는 두말할 필요도 없겠지요.

그리고 일본은 중국에서 불교를 받아들였습니다. 따라서 종파 중에 석가가 창시한 본래의 불교를 전하는 『아함경』을 근본 경전으로 삼은 곳은 어디에도 없지요. 이렇게 일본은 대승불교 일색의 불교 국가가 되었습니다.

일본 불교에 승가가 없는 까닭

P 조금 전에 일본은 승가 없이 '불'과 '법'만으로 이루어져 있다고 하셨는데, 같은 대승불교에 지배된 중국에는 승가가 있었군요?

네. 중국의 승려들은 율장의 중요성을 아주 잘 알고 있었습니다. 물론 율장이 엄격하게 지켜지지 않을 때도 많았지만 승가가 없으면 불교도 성립하지 않는다는 인식은 언제나 지니고 있었지요. 하지만 일본에 불교가 들어왔을 때 승가라는 조직은 받아들여지지 않았고, 따라서 일본의 불교는 '승가 없는 대승불교'라는 지극히 특수한 형태를 취하게 되었습니다.

P 일본에 불교가 도입된 때는 쇼토쿠 태자• 무렵이었죠. 당시에 불교의 도입은 정치적 분쟁과 관련이 있었다고 기억합니다만, 승가를 받아들이지 못한 이유도 정치와 관련이 있을까요?

무척이나 깊은 관계가 있지요. 당시 불교의 도입을 두고 호족인 모노노베(物部) 가문과 소가(蘇我) 가문 사이에 큰 논쟁이 벌어졌고, 끝내 피를 부르는 혈전으로 번졌습니다. 결국 불교를 받아들이자는 쪽으로 마무리되었지만 여전히 불교의 정의인 '불, 법, 승'이 문제로 남았습니다. 이를 받아들이지 않으면 일본은 불교 국가로 거듭날 수 없고, 따라서 중국과 대등한 외교관계를 맺을 수 없었죠.

P 요즘 말로 하자면 불, 법, 승이 당시의 국제표준이었군요.

바로 그렇습니다. 국제표준인 삼보 중 '불'을 도입하는 것은 간단했습니다. 불상을 가져오면 되니까요. '법'도 쉬운 일이죠. 경전

• 聖德太子(573~621년). 고대 일본의 정치 체제를 확립한 인물로, 외국의 문물을 적극적으로 받아들임으로써 당시 일본의 문화를 급속도로 발전시켜 아스카(飛鳥) 시대를 열었다.

이 적힌 두루마리를 수입하면 됩니다. 하지만 '승'은 물건이 아닌 인간, 게다가 조직입니다. 중국에서 승려들을 단체로 배에 태워서 데려와야만 하는 문제입니다.

규정에 따르면 승가는 네 명 이상의 승려가 있으면 성립하지만 여기에는 다른 문제가 하나 더 있습니다. 승가의 구성원을 새로 받아들일 때는 열 명 이상의 구성원이 인정해야 한다는 규칙이죠. 그러니 일본인을 정식 승려로 맞이하려면 처음에 열 명 이상의 승려를 중국에서 데려와야 합니다. 어려운 일이지요. 중국의 승려들이 언제 침몰할지 모르는 견당사•의 배를 타고 일본까지 와줄 리 만무하니 말입니다.

이렇게 일본에는 '불'과 '법'만이 들어오고 '승'이 빠진 불균형한 상태가 이어졌습니다. 그럼에도 어떻게 해서든 '승'을 받아들이려고 기를 쓰던 차에 일본을 찾아와준 승려가 있었으니 바로 감진••이었습니다. 감진은 중국에서 유명한 승려였으므로 열 명이 넘는 제자가 함께 와주었습니다. 이렇게 어렵사리 조직된 승가에서 일본인 승려가 연달아 배출되기 시작합니다. 마침내 쇼토쿠 태자의 꿈이 이루어진 셈이지요.

이로써 일본은 초기의 목적을 달성했습니다. 중국과 대등한 불교 국가로 자리 잡기 위해 삼보를 도입하는 데 성공한 것입니다.

• 遣唐使. 7세기부터 9세기에 걸쳐 일본이 당나라에 파견한 외교 사절단.

•• 鑑眞(688~763년). 중국 당나라의 고승. 불법(佛法)뿐 아니라 중국의 건축과 미술 등을 일본에 전하였다.

하지만 문제는 그다음이었습니다. 감진은 불교를 전파하겠다는 순수한 마음으로 일본을 찾았는데, 정작 일본 측에서는 '승', 다시 말해 승가라는 형식을 갖추기 위해 감진을 부른 것에 불과했으니까요. 일본의 관점에서 본다면 불교 승려는 조정을 위해 외교나 의례적 공무를 수행하는 국가공무원이나 마찬가지였습니다. 공무원이 날마다 수행만 해서야 안 될 노릇이지요. 아침부터 밤까지 나라를 위해 일해야만 했습니다. 그러니 승가라는 수행 조직은 필요하지 않았습니다. 일본의 불교에 승가가 빠진 이유는 애당초 국가 방침 때문이었다는 말이지요.

승려는 공무원으로서 승가의 규칙이 아닌 국가의 법률인 율령에 따라야 했습니다. 급료는 국고에서 지급하니 탁발도 하지 않았지요. 재정 문제 때문에 쓸데없이 승려의 수를 늘릴 수도 없었으므로 한 해에 승려가 되는 사람의 수도 제한적이었습니다. 요컨대 극소수의 엘리트 승려가 국가를 위해 일한다, 이것이 바로 '남도육종'•의 본질이었습니다. 이 남도육종이 일본 불교의 기초로 자리 잡았지요.

• 南都六宗. 8세기 일본에서 당시의 도읍지를 중심으로 번창한 여섯 개의 불교 종파를 뜻한다.

신비성이라고는
찾아볼 수 없는
'아비달마'의 세계관

후세가 정리한 석가의 가르침

그럼 일본에 정착되지 않은 석가 본연의 불교는 어땠을까요. 남방 불교 국가에 전파된 『아함경』 혹은 『니까야』라고 불리는 팔리어 경전은 4000편 정도가 있지만, 이 경전을 읽더라도 석가의 사상을 체계적으로 이해하기는 어렵습니다. 석가는 철학자가 아니었으며 수행의 목적은 저작을 남기기 위해서가 아니었으니 그럴 만도 하지요. 사람들을 고통에서 구원할 목적으로 가르침을 설파했기 때문에 조언의 내용은 상대방이 누구냐에 따라 매번 달랐습니다. 그 조언을 모아놓은 경전이다 보니 『아함경』은 자연스럽게 단편적인 말의 모음집이 될 수밖에 없었습니다.

따라서 후세로 접어들자 석가의 단편적인 말을 체계적 이론으로 이해하려는 욕구가 강해졌습니다. 그 욕구가 철학서라는 형태로 누적된 결과물이 앞서 언급한 '아비달마'입니다. 방대한 양의 아비달마 문헌이 있지만 그중에서도 제가 대학 강의에서 사용하는 책은 『아비달마구사론(阿毘達磨俱舍論)』이라는 책인데, 이쪽 장르에서는 가장 깔끔하게 완성된 철학서입니다.

『아비달마구사론』은 세친•이라는 승려가 썼는데, 다른 아비달마 철학서 역시 저자는 밝혀져 있습니다.

P 소크라테스가 한 말을 플라톤이 정리한 느낌이군요.

정확히 그렇게 보시면 됩니다. 아비달마는 대승불교의 영향을 받지 않은 불교철학이니 내용은 석가와 같은 세계관 위에 자리 잡고 있습니다. 다시 말해 세상은 연기라는 인과율만으로 움직이며, 세상을 관장하는 초월자는 없다는 전제에서 시작합니다. 그런 의미에서는 신비성을 띠지 않은 불교철학서라고도 할 수 있습니다.

• 世親(320?~400?). 인도의 불교학자. 브라만 계급에서 태어나 출가한 인물로, 다양한 불교해설서를 남겼다.

시간도 원인 · 결과도 없는 '무위'의 세계

앞서 말했듯이 아비달마에서는 이 세상이 75개의 기본 요소로 형성되어 있다고 말합니다. 그 '75법'은 크게 '무위법(無爲法)'과 '유위법(有爲法)'의 두 가지로 나뉘는데, 무위법은 겨우 세 개뿐입니다. 무위는 인과율을 벗어난 존재, 연기의 법칙에 포함되지 않는 존재입니다. 그곳에서는 시간이 흐르지 않으므로 만물이 변용하지 않습니다. 시간이 없는 세계에서는 원인도 결과도 존재하지 않지요.

무위법은 '허공무위(虛空無爲)', '택멸무위(擇滅無爲)', '비택멸무위(非擇滅無爲)'의 세 가지로 구성되는데, 앞서 언급한 '열반'은 '택멸무위'의 다른 명칭입니다. 석가의 죽음을 '열반'이라 부르기도 하지만 여기서 말하는 택멸무위는 더욱 일반적인 의미로, 우리들의 마음에서 번뇌가 사라진 상태를 의미합니다.

참고로 첫 번째로 언급한 '허공무위'는 절대적인 진공 상태를 말하니 진공에서 물질이 생겨난다고 여기는 현대물리학과 상충할지도 모르겠습니다. 다만 여기서 말하는 진공 상태는 시간의 흐름에서 벗어나 있으니 뉴턴의 생각과도 다르겠지요.

세 번째인 '비택멸무위'는 제법 독특한 사고방식입니다. 아비달마에서는 과거와 미래가 실재한다고 여기는데, 미래에 존재하는 다양한 가능성 중에서 현재와 결코 이어지지 않는 가능성이 바로 비택멸입니다.

조금 더 자세하게 설명해보겠습니다. 예를 들어 지금 이 순간에 저는 일본에서 오구리 선생님과 만나고 있지만 가능성을 따지자면 같은 시각에 뉴욕에서 산책을 하고 있는 저도 존재할 수 있지요.

하지만 실현될 수 없는 가능성이란 사실은 이미 정해져 있습니다. 그렇다면 '뉴욕에서 산책을 하는 나'는 미래의 가능성으로만 남게 되지요. 미래에 머무른 채 결코 현재와 이어지지 않는 존재. 이 존재는 시간의 흐름에서 벗어난 셈이므로 무위라는 말이 됩니다.

'유위'의 세계에서 번뇌가 생겨나는 원리

이상 세 가지 무위법을 제외한 72법은 모두 유위법입니다. 유위에는 시간의 흐름이 있으므로 만사는 미래에서 현재로, 현재에서 과거로 흘러갑니다. 유위법은 만사가 현재에 나타났을 때만 작용하지요.

유위법은 크게 네 가지로 나뉩니다. 첫 번째로 '색법(色法)'은 물질세계입니다. 두 번째로 '심법(心法)'은 우리들의 마음 그 자체지요. 구체적으로 말하자면 인식 작용을 뜻합니다. 외부에서 받아들인 정보가 나타나는 스크린 같은 것이니 그 이상의 요소로는 나누어지지 않습니다.

스크린에 맺힌 상에 대한 마음의 부차적 작용을 망라한 것이 바로 세 번째인 '심소법(心所法)'입니다. 〈도표2-1〉의 하위 영역을 보면 '사(思)', '욕(欲)', '신(信)', '만(慢)', '의(疑)' 등 마음의 움직임과 관련된 표현이 정렬되어 있음을 알 수 있습니다. 번뇌의 우두머리인 '무명(無明)' 또한 그중 하나지요. 마음의 작용은 다채로우니 심소법 하나가 75법의 절반 이상을 차지하는 것도 당연한 일입니다.

유위법의 네 번째인 '심불상응행법(心不相應行法)'은 물질도 마음 내부의 작용도 아닙니다. 물질이나 마음을 특정 형태로 움직이는 힘을 말하지요. 물리학에 빗대자면 에너지 개념과 흡사하다고 볼 수 있겠습니다.

도표2-3 육식(六識)이 변화하는 예

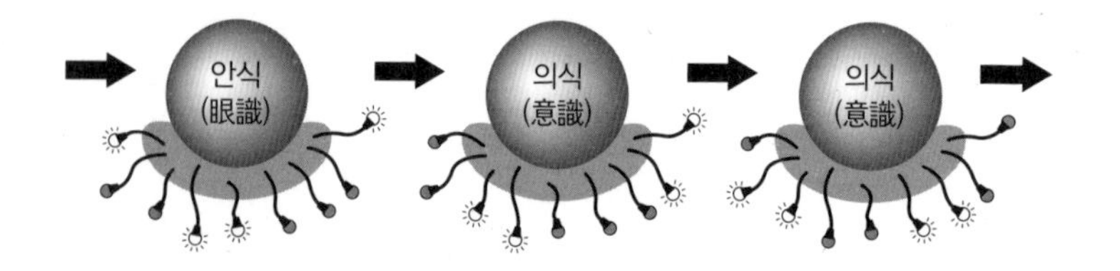

마음은 눈이나 귀 등 여섯 가지 감각기관을 통해 외부에서 정보를 받아들입니다. 마음에서는 40여 개의 선이 나와 있는데, 각각의 끄트머리에 전구가 달려 있다고 상상해보십시오. 각각의 전구가 심소법의 각 요소입니다. 예를 들어 자신이 좋아하는 음식이 정보로서 입력되면 '집착'이라는 전구에 불이 켜집니다. 싫어하는 사람의 모습이 입력되면 '증오'라는 전구에 불이 들어올지도 모르지요.

동시에 여러 전구가 켜질 때도 있을 겁니다.

전구가 생명체인 이상 언제나 켜져 있는 전구도 있습니다. 예를 들자면 맞았을 때 '아프다'라고 느끼는 것은 본능입니다. 누구에게나 당연한 일이지요. 하지만 그중에는 우리들의 고통을 낳는 전구도 무척 많은데, 그것들을 뭉뚱그려 '번뇌'라고 부릅니다. 수많은 전구 중에서 고통의 원인이 되는 전구를 한데 모아 번뇌라고 칭한다는 뜻이지요. 그 전구가 사라지면 번뇌가 없어진 셈입니다.

그렇지만 단순히 전구가 꺼져 있다 해서 번뇌가 사라진 것은 아닙니다. 현재 분노나 증오를 품지 않은 사람의 전구에는 불이 들어와 있지 않지만, 그렇다 해서 그에게 분노나 증오라는 번뇌가 사라졌다는 말은 아니겠지요. 상황이 변하면 전구에는 금세 불이 켜집니다.

불교에서 말하는 '번뇌의 소멸'은 단순히 전구를 끄는 것이 아니라 근본적으로 파괴하는 일입니다. 어떠한 상황에서도 전구에 불이 켜지지 않는 상태가 바로 번뇌가 사라진 상태지요. 물론 말처럼 쉬운 일은 아니지만 번뇌라는 전구를 없애는 것이야말로 불교에서 말하는 수행의 목적입니다.

심법이나 심소법에 에너지처럼 작용하는 '심불상응행법'에도 열 가지 이상의 요소가 존재합니다. 예를 들어 '득(得)'은 불이 켜진 전구(심소법)와 마음을 연결하는 접착제나 마찬가지입니다. '비득(非得)'은 반대로 그 접착제를 제거하는 역할을 하지요. 조금 전까지 화를 냈던 사람에게서 분노가 사그라지는 이유를 불교에서는 '비득'이 작용하여 '득'의 접착력을 없앴기 때문이라고 봅니다.

인식하는 물질과 인식되는 물질

P 불교에서 '나(我)'는 존재하지 않는다고 하셨는데, '나'를 물질이나 마음의 작용과 같은 요소로 분해한 것이 〈도표 2-1〉이라고 보면 될까요?

그렇습니다. '나'는 존재하지 않는 것에 붙은 명칭에 불과합니다. 〈도표2-1〉에는 그런 '나'를 구성하는 요소가 열거되어 있습니다.

객관적인 관점에서 물질의 성질을 조사하는 물리학과는 다르게 불교는 어디까지나 인간이라는 존재를 분석하기 때문에 물질세계인 '색법'보다는 정신세계인 '심소법'이 압도적으로 많아질 수밖에 없습니다. 또한 물질의 분류도 객관적이지 않습니다. 조금 전에도 언뜻 말씀드렸지만 '인식하는 물질'과 '인식되는 물질'로 나뉘지요.

그럼 두 물질은 어떻게 나뉠까요? 예를 들어 제 손가락이나 손톱은 '인식하는 물질'일까요, 아니면 '인식되는 물질'일까요?

P 상황에 따라 다르지 않을까요. 제게 사사키 선생님의 손가

락은 시각을 통해 '인식되는 물질'이지만 사사키 선생님의 관점에서는 손가락으로 뭔가를 만져서 인식할 수 있으니 '인식하는 물질'이 될 듯합니다만.

그렇습니다. 하지만 물질의 성격이 그처럼 관점에 따라 바뀐다면 절대적 분류가 될 수 없습니다. 아비달마에 따르면 손가락 자체는 '인식하는 물질'이 아닌 '인식되는 물질'입니다. 그런데 그 손가락으로 저는 다양한 감촉을 느낄 수 있습니다. '차갑다'라든지 '아프다'와 같은 감각 말입니다. 그렇다면 손가락은 '인식하는 물질'도 되지 않을까 하는 의문이 생기지요.

그 물음에 아비달마에는 다음과 같이 쓰여 있습니다. '손가락 자체는 감촉을 느끼지 않는다. 손가락의 표면에 있는 특수한 물질이 감촉을 잡아내는데, 그 물질이 바로 감촉을 인식하는 것이다.'

눈이나 귀도 마찬가지입니다. 사실 우리가 눈이나 귀라고 여기는 물질은 단순한 그릇일 뿐, 눈과 귀 자체는 '인식되는 물질'입니다. 진정한 눈과 귀 등의 감각기관은 안쪽 깊숙한 곳에 숨겨져 있으며, 그 기관이 실질적인 인식 작용을 수행한다고 생각하지요.

엉뚱하게 들릴지도 모르겠지만, 잘 생각해보면 이는 과학적 견해와도 크게 다르지 않습니다. 생리학적 관점에서 사물을 보는 기관은 안구가 아니지요. 안구에서 대뇌피질•까지 이어진 모든 신경계가 기능함으로써 우리는 뭔가를 볼 수 있게 됩니다. 그것들을 모

• 대뇌의 가장 표면에 위치해 있으며, 부위에 따라 각각 기억, 집중, 사고, 언어 등 다른 기능을 담당한다.

두 끄집어내서 포르말린에 담가 놓는다 해도 눈의 기능은 하지 않습니다. 진정한 의미에서의 눈은 바로 그 모든 기관이 생체로서 기능하는 '상태'입니다.

이와 마찬가지로 귀, 코, 혀, 피부 또한 그 자체는 '인식되는 물질'일 뿐 청각, 후각, 미각, 촉각의 원천은 아닙니다. 뇌와 연결된 기관이 기능하는 상태가 '인식하는 물질'로서의 눈과 귀입니다. 아비달마의 사고방식은 이와 동일 선상에 놓여 있습니다.

마음으로 정보가 입력되는 원리

조금 전에 저는 마음에 정보를 입력하는 감각기관은 여섯 가지라고 말씀드렸습니다. 감각기관이라고 하면 보통은 눈, 귀, 코, 혀, 피부의 '오감'을 말하지만, 아비달마에서는 과거를 떠올리거나 미래를 예측하는 일도 특정 인식기관의 기능이라고 생각합니다. 물론 그 기관은 육체에 존재하지 않습니다. '마음'이 그 인식기관입니다.

그렇다면 마음이라는 인식기관이 마음에 정보를 전달한다는 괴상한 구조가 생겨납니다. 하지만 아비달마의 설명에 따르면 인식기관으로 작용하는 마음은 현재의 마음이 아닙니다. 1찰나 이전의 마음이지요. 1찰나 이전의 마음이 인식기관으로 작용한 결과, 1찰나 이후의 마음에 인식이 생겨난다는 구도입니다. 불교에서 말하는 '찰나(刹那)'는 시간의 단위로, 1찰나는 눈을 깜빡이는 시간의 20분의 1이지요.• 1찰나 이전의 마음, 다시 말해 과거와 미래를 인식하는 '인식기관'으로서의 마음은 '의(意)'라는 또 다른 이름을 지니고 있습니다.

이 여섯 가지 인식기관이 마음에 정보를 입력하지만 여섯 가지 기관에서 동시에 정보가 들어오지는 않습니다. 1찰나에는 하나의 선으로만 정보가 입력되지요. 그래서 예를 들어 텔레비전을 보며 영상과 음성을 동시에 보고 들은 것처럼 느꼈다 해도 불교에서는 이를 착각이라고 여깁니다. 우리들은 '보기'와 '듣기'를 1찰나마다 순차적으로 처리하지만 그 속도가 너무나도 빠르기 때문에 텔레비전을 볼 때면 영상과 음성을 함께 받아들이는 것처럼 느낀다는 말이지요.

이 여섯 가지 인식기관을 통해 마음이라는 스크린에 정보가 맺힌 상태를 '식(識)'이라고 말합니다. 이를테면 눈을 통해 전달된 정보로 마음에 생겨난 인식은 '안식(眼識)'이라고 합니다. 마찬가지로 귀를 통해 들은 음성은 이식(耳識), 냄새는 비식(鼻識), 맛은 설식(舌識), 촉각으로 얻은 인식은 신식(身識), 그리고 '의(意)', 다시 말해 1찰나 이전의 마음이 인식한 것은 의식(意識)입니다. 이 '육식(六識)' 중에서 앞서 말한 다섯 가지는 불교에서만 사용하는 용어입니다만, 마지막에 언급된 '의식'은 일상생활에서 쓰이는 용어로

• 수학적으로는 약 0.013초.

자리 잡았지요. 우리들이 평소에 사용하는 '의식'이란 표현은 바로 여기서 비롯되었습니다.

다만 '의식'은 메이지 시대•에 영어로는 consciousness라 번역되어 불교에서 말하는 의식과는 다른 의미로 쓰이고 있습니다. 머리를 얻어맞아 정신을 잃은 사람을 예로 들자면, 그 사람에게는 오감이 작동하지 않습니다. 지금의 일본어에서는 이 상태를 '의식을 잃었다'라고 표현하지요. 그런데 불교의 사고방식에 비추어보면 정신을 잃은 상태는 안식, 이식, 비식, 설식, 신식이 차단되고 의식만이 남아서 작용하고 있는 셈입니다. '의식을 잃은' 사람은 사실 '의식만이 존재하는' 사람이란 말이지요.

인과율의 세계에 '자유의지'는 존재하는가

P 연기라는 인과율은 마음의 작용에도 적용된다는 말이군요. 요컨대 같은 인풋(원인)에 대해서는 같은 아웃풋(결과)이 따른다는 말이 됩니다. 그럴 때 불교에서는 '자유의지'가 존재한다고 봅니까?

자유의지는 존재합니다. 애당초 연기란 몹시 복잡하게 뒤얽힌

• 메이지 천황이 일본을 통치한 1867년부터 1912년까지를 말한다.

인과율로, 인지를 아득하게 초월했기 때문에 우리들은 실태를 알지 못합니다. 따라서 만약 신과 같은 초월자가 있어서 모든 연기를 이해하고 있다면 자유의지는 없으며 모든 결과는 이미 정해져 있다고 생각되겠지요. 하지만 인간은 무슨 원인에 어떠한 결과가 따르는지를 모르므로 결정론이 아닌 자유의지에 따라 움직이는 셈입니다. 규모의 차이에 따라 어느 쪽으로도 볼 수 있다는 말이지요.

P 본인이 인식하기에는 마치 자유의지가 있는 것처럼 느껴진다는 말이군요. 법칙을 엄밀하게 적용하면 자유의지는 없다고 생각되지만, 우리들이 인식할 수 있는 세계에서는 자유의지가 있다 해도 틀린 말은 아니라는 건가요?

그렇습니다. 불교에서는 초월자가 존재하지 않으므로 모든 일을 내다보고 제어하는 신의 시점은 없지요. 그러니 우리들은 자유의지에 따라 행동한다고 생각합니다. 물리학의 관점에서는 어떻습니까? 궁극의 법칙이 우주의 움직임을 지배하고 있다면, 모든 일은 결정되어 있으니 자유의지는 존재하지 않을 듯한데요.

P 어렵네요. 저도 아직 잘 모르겠습니다. 확실히 자연 현상은 인과율을 따르니 자연의 일부인 마음의 작용 또한 궁극적으로는 마찬가지라고 봅니다. 그렇게 생각한다면 인간이 미래에 취할 행동은 초기 조건에 따라 이미 정해져 있다고

볼 수 있겠지요. 그런 인과율의 세계에서 자유의지가 어떻게 나타날지는 해결되지 않은 문제입니다. 우리들은 자유의지나 의식이 무엇을 뜻하는지 안다고 생각하지만, 애당초 이들의 개념은 과학적으로 뚜렷하게 정의되지 않았죠. 조금 전에 '나(我)'는 존재하지 않는 것에 붙은 명칭에 불과하다고 말씀하셨는데, 자유의지 또한 우리들이 생각하는 그런 의미와는 다른 환상일지도 모릅니다.

그렇겠지요. 최종적으로는 '의식이란 무엇인가'라는 문제로 수렴되지만 우리들에게는 그 물음에 대답할 능력이 없습니다. 만약 그 물음에 대답할 수 있는 사람이 있다면 불교에서는 그를 '부처'라고 부르겠지요.

불교에서의 시간이란

다음으로 아비달마에서 말하는 '시간'에 대해 설명하겠습니다. 불교에서는 시간을 '찰나'의 단위로 움직이는 현상이라고 봅니다. 다만 현상 자체에 '움직임'은 없습니다. 영화 필름의 한 컷처럼 각 찰나마다 이 세상의 현상은 정지해 있습니다. 연속된 정지 화면을 고속으로 돌리면 마치 움직이는 영상처럼 보이듯이, 우리들이 느끼는 움직임은 모두 정지 상태의 연속성에서 발생하는 착각입니다.

그러니 시간의 개념을 동반하는 유위법의 세계에서는 찰나마다 만물이 다른 것으로 교체된다고 생각합니다. 예를 들어 하늘을 나는 비행기도 같은 비행기가 계속 이어지는 것이 아닙니다. 찰나마다 다른 비행기가 나타나는 셈이지요. 그런데 연속적인 변화처럼 보이는 이유는 인간의 인식 능력이 떨어지기 때문입니다. 인식 능력이 훨씬 더 정밀하다면 찰나 단위의 변화를 알아차릴 수 있겠지요. 이것이 아비달마에서 해석하는 '제행무상'입니다. 오랜 시간에 걸쳐 바위 등이 풍화되는 현상 또한 1찰나마다 변해가는 모습이 축적되는 것이지요.

시간의 흐름을 영사기에 빗대자면 아직 영사되지 않은 릴에는 미래의 가능성이 모두 담긴 셈입니다. 그 가능성에서 하나의 장면이 영사되어 과거로 감겨들어가지요. 다만 미래의 장면에는 미리 정해진 순서가 없습니다. 미래가 이미 정해져 있다면 결정론이 되고 말 테니까요. 하지만 인과율에서는 현재가 미래를 결정합니다. 따라서 미래란 아무렇게나 흩어져 있는 수많은 가능성이라고 생각합니다. 현재의 상태가 정해지면 수많은 미래에서 한 장을 예약하여 다음번에 영사하는 것이죠.

현재의 행위가 미래의 운명을 예약한다?

불교에는 윤회의 흐름을 결정하는 '업(業)'이라는 개념이 있습니니다. 산스크리트어로는 '카르마karma'라고 하지요. 윤리적으로 옳은 일이나 나쁜 일을 행하면 그 행위가 먼 미래의 운명을 좌우하게 됩니다. 물건을 훔치면 언제일지는 모르지만 반드시 그 응보로 지옥에 떨어지게 된다는 말이지요. 이러한 '예약 시스템'이 바로 '업'입니다.

그럼 '업'을 영사기에 빗대어 설명하면 어떻게 될까요. 모든 미래가 존재한다고 보면 미래에는 제가 지옥에 떨어질 가능성도 포함되어 있습니다. 그리고 지금의 제가 도둑질을 한 순간, 미래의 가능성에 포함된 '제가 지옥에 떨어지는 장면'이 '예약 완료'로 바뀌며 현재에 반드시 실현되게끔 고정됩니다. 한번 예약된 미래는 언젠가 반드시 실제로 영사되지요.

그렇지만 솔직히 말하자면 시간에 대한 아비달마의 위와 같은 해석도 확고하지는 않습니다. 현재만이 있을 뿐 미래는 존재하지 않는다고 생각한 사람들도 있지요. 현재가 다음의 찰나를 결정하고, 다음의 찰나가 또 그다음의 찰나를 결정한다는 사고방식입니다. 그렇게 생각한다면 지금의 상황이 먼 미래의 가능성에 예약 신호를 보낸다는 '업'의 예약 시스템은 사용하지 못합니다.

그럴 때는 현재 자신의 존재 형태 중 미래에 큰 변동을 불러올 요인이 내재되어 있다는 또 다른 주장을 해볼 수 있습니다. 다양한 요소가 특정한 연결 방식에 따라 '나'라고 하는 집합체를 형성하는데, 그 집합체인 제가 도둑질이라는 행위를 저지르면 정신적 동요가 발생하여 집합체의 관련성에 미세한 균열이 일어나게 됩니다. 균열이 잦아들지 않고 계속 유지되는 가운데, 특정한 조건이 갖춰

지면 느닷없이 엄청난 결과를 초래합니다. 그 결과가 바로 지옥행이라는 주장이죠. 말하자면 일종의 카오스이론•으로, 이렇게 생각하면 미래를 염두에 두지 않더라도 작은 원인이 커다란 결과를 낳는 일을 설명할 수 있습니다.

수학을 전혀 모르던 시대의 인도 승려들이 이러한 시스템을 생각했다니 무척이나 흥미로운 일이죠. 물론 불교는 현대과학을 먼저 손에 넣지 못했으며 수학이라는 언어를 지니지 못한 이상 매사를 수치로 이해할 수도 없었으므로 과학에 비할 수는 없습니다. 하지만 어떤 특정한 조건하에서 인간이 비슷한 사고를 통해 비슷한 아이디어에 도달했다는 사실이 실로 흥미롭지 않습니까?

P 확실히 수학 대신 일상 언어를 이용해 인과율을 이해하고자 한다면 그렇게 받아들이게 될 듯합니다. 예를 들어 조금 전에 말씀하신 '찰나'라는 개념은 고대 그리스의 철학자 제논••이 말한 "날아가는 화살은 멈춰 있다"라는 역설과 맞닿은 이야기라고 봅니다. 제논의 역설은 17세기부터 19세

• chaos theory. 겉보기에는 불안정하고 불규칙적으로 보이지만 그 나름의 질서와 규칙성을 띠고 있는 현상을 설명하기 위한 이론. 현재는 물리학뿐 아니라 경제학, 수학, 기상학 등 다양한 분야에서 연구가 이루어지고 있다.

•• Zenon ho Elea(B.C.495?~B.C.430?). 고대 그리스의 철학자. 대화를 통해 상대방의 모순을 찾아내 자신의 주장이 옳다는 것을 입증하는 변증법의 창시자로 불리며 역설적 논증으로 유명하다.

기에 걸쳐 수학에서 무한소•의 개념이 명확하게 정의되고, 미적분의 개념이 발달함으로써 해결되었습니다. '찰나'라는 사고방식 또한 미적분이라는 언어를 사용하면 더욱 정확하게 표현할 수 있지 않을까요?

• 무한히 작은 수, 한없이 0에 가까워지는 상태 등을 뜻하는 수학 용어.

대승불교가 생겨난 이유

석가의 불교는 이기적이다?

지금까지는 석가의 가르침을 철학으로 정리한 아비달마의 내용에 대해 소개했습니다. 마지막으로 그 아비달마를 부정하는 형태로 등장한 대승불교에 대해 이야기해보겠습니다.

석가의 가르침은 '자신밖에 생각지 않는 이기주의'라고 비판을 받기도 합니다. 분명 석가의 목적은 자신의 고통을 없애는 일이었지요. 수행을 통해 번뇌를 끊어내고 스스로를 개혁하여 고통을 해소하는, 자신이라는 세계를 벗어나지 않는 개인적인 종교였습니다.

그렇기는 하지만 이기적이라고 볼 수는 없습니다. 석가는 자신의 고통을 없애자는 초기의 목적을 달성하자 그 방법을 다른 사람들에게 전했습니다.

다만 개인적 종교인 불교에서 수행을 쌓아 자신을 단련하려면 출가하여 날마다 수련을 거듭해야 하지요. 그런데 석가가 죽고 약 500년이 지났을 무렵, 다시 말해 지금으로부터 약 2000년 전의 인도는 사람들이 평온하게 살아가기 힘든 전란의 시기였습니다. 출가하여 승가에 들어가기는 어려웠고, 승가에 들어가 수행을 하려 한들 보시를 얻을 수 없었지요. 그렇기 때문에 '승가에서 수행을 하지 않고 자력으로 깨달음을 얻는 방법은 없는가?'라는 의문이 생겨났습니다.

사실 불교에는 오직 한 사람, 그 롤모델이 있었습니다. 누구에게도 방법을 구하지 않고 자력으로 깨달음의 경지에 도달하여 '부처'가 된 사람. 바로 석가 자신이었지요.

그렇다면 석가가 지나간 길을 좇음으로써 누구든 자력으로 부처가 될 수 있어야 합니다. 이때 비로소 '부처의 제자로서 수행하지 않고 자신만의 힘으로 부처가 되려면 어떡해야 좋을까'라는 새로운 문제가 발생했습니다. 그 해답을 구하려면 부처가 되기까지 석가가 걸어온 인생을 되짚어보아야 합니다.

혼자의 힘으로 부처가 되려면

카필라바스투의 왕자로 태어난 석가는 출가하여 수행을 쌓은 뒤,

보리수 밑에서 깨달음을 얻어 부처가 되었습니다. 여기까지는 다른 사람들과 구별될 만큼 특별한 수행의 흔적은 없어 보입니다. 그런데 어째서 석가만이 부처가 될 수 있었을까요. 그 이유를 알기 위해서는 석가가 태어나기 이전의 과거로 거슬러 올라가야 합니다. 부처가 되기 전까지는 석가 또한 다른 사람들과 마찬가지로 윤회를 거듭했을 테니 말입니다. 무한한 과거에서 수없이 환생을 거듭하는 과정 가운데, 틀림없이 다른 사람들과 다른 특별한 수행을 쌓지 않았을까요.

그렇다면 그 특별한 수행을 시작하게 된 계기가 있었겠지요. 특정한 계기로 부처가 되겠다는 마음을 먹었기 때문에 수행을 시작했을 것입니다. 그렇다면 그 계기는 과연 무엇일까. 이는 우리들이 석가와 같은 길을 걸으려 할 때 가장 중요한 정보입니다. '부처가 되기 위한 첫걸음을 내디디려면 무엇을 해야 할까?'라는 물음에 대한 해답이기 때문입니다.

답은 지극히 간단합니다. 아주 오래전 어느 날, 다른 부처와 만난 석가는 '아, 나도 저런 사람이 되고 싶다'라고 생각한 것입니다. 사람은 롤모델을 만났을 때 비로소 자신도 그를 닮고 싶다는 뜻을 세우는 법이지요.

조금 전에도 언급했지만 불교에서는 오랜 간격을 두고 이따금 부처가 출현한다고 믿습니다. 따라서 석가가 전생의 어느 시점에 과거의 부처를 만났다 해도 이상한 일은 아니지요. 그때 석가는 "나도 당신 같은 부처가 되고 싶으니 앞으로 꾸준히 수행을 하겠습니다"라고 다짐했습니다. 그런 석가에게 과거의 부처는 "열심히 하십시오" 하고 격려의 말을 건넸겠지요.

그 이후 석가는 설령 토끼로 환생해도 수행을 쌓았고, 원숭이로 환생해서도 수행을 쌓았습니다. 하지만 토끼는 출가한 승려처럼 불도를 닦지 못합니다. 그렇다면 토끼나 원숭이는 어떻게 수행을 쌓으면 좋을까. 수행은 바로 주변의 다른 이를 돕는 일이 아닐까. 이때 비로소 자신을 희생하여 타인을 돕는 일이 곧 불교의 수행이라는 사고방식이 탄생했습니다.

이로써 부처가 되기 위한 방법이 밝혀졌습니다. 첫 번째 조건은 부처를 만나 수행을 맹세하고 격려를 받는 일입니다. 두 번째 조건은 무엇으로 다시 태어나더라도 주변 사람들(혹은 토끼나 원숭이 등)을 돕는 일입니다. 그러면 최종적으로는 어딘가에서 깨달음을 얻고 부처가 된다는 말입니다.

무한한 영향력을 지닌 부처의 등장

이렇게 부처가 되기 위한 방법을 탐구하는 사이에 출가하지 않더라도 일상생활 속에서 부처의 길을 걸어갈 수 있다는 사실이 밝혀지기 시작했습니다. 다만 어딘가에서 먼저 부처와 만나야 한다는 전제 조건이 있었지요. 이게 문제였습니다. 이미 석가라는 부처는 열반에 들어 소멸했으니 앞서 이야기했듯 다음에 부처가 될 미륵

이 나타날 때까지는 아직 56억 년이나 남아 있지요. 윤회를 거듭하다 보면 언젠가는 만나기야 하겠지만 그때까지 도저히 기다릴 수 없습니다.

그래서 당시 인도 사람들은 새로운 세계관을 구축했습니다. 이 세계는 하나가 아니며 무한한 평행세계가 존재한다는 세계관이지요. 불교적 평행우주가 등장한 셈입니다. 각각의 세계에 부처가 무작위로 등장한다면 지금도 어딘가에는 부처가 태어난 세계가 반드시 존재하게 됩니다.

게다가 그 부처를 불로장생의 존재로 설정하면 어느 시대의 사람이라도 부처와 만날 수 있습니다. 그럴 바에야 차라리 특정 평행우주에 있는 부처는 영원한 생명을 지녔다고 해버리면 편하겠군요. 그러면 자신들은 물론 손자 대까지 누구나 부처와 만날 수 있게 되니까요.

P 하지만 다른 세계에 가기란 어려운 일입니다. 현대의 우주론에는 다중우주multiverse라는 개념이 있고, 양자론에도 다세계 해석many-worlds interpretation이 있지만, 다른 우주나 다른 세계를 직접 관측하지는 못합니다.

그렇습니다. 평행우주 또한 우주 바깥에 있으니 우주선을 타고 갈 수도 없습니다. 그러니 이 세계의 우리들이 다른 세상의 부처와 만나려면 부처의 설정을 바꾸어야 합니다. 무한한 생명을 지녔을 뿐만 아니라 무한한 영향력까지 지녔다면 다른 세계에까지 힘이 미치겠지요. 저쪽에서 이쪽으로 부처가 우리를 찾아올 수 있다는 말입니다. 무한한 수명을 지닌 이 부처에는 '무량수(無量壽)'라는 이름이 붙었습니다.

P 무량수는 신과 별반 다르지 않은 느낌도 드는데요.

전지전능에 가까운 존재이니까요. 그러나 무량수가 세계의 창조자는 아닙니다. 그 점이 신과의 차이점입니다. 무량수 역시 수행을 쌓아 부처가 되었으므로 그 이전에는 신이 아닌 평범한 인간이었습니다. 하지만 엄청난 수행을 쌓았기 때문에 무한한 수명과 무한한 영향력을 지니게 되었지요. 그러니 이 부처는 석가보다도 훨씬 뛰어납니다. 석가는 여든 살에 세상을 떴으며 동시대의 사람들밖에 구하지 못했지만, 무량수는 온 세계의 생명체를 영원토록 구제할 수 있으니 말입니다.

무량수를 산스크리트어로는 '아미타유스Amitāyus'라고 합니다. 그 힘이 끝없이 퍼져서 만물을 비춘다는 뜻에서 '무량광(無量光)'이라는 별명도 붙었지요. 무량광은 '아미타바Amitābha'라고 합니다. '무량'이 '아미타'이니 '아미타유스'든 '아미타바'든 명칭은 모두 '아미타'로 동일합니다. 어느 쪽이든 결국 '아미타불(阿彌陀佛)'이 되지요.

아미타불까지 상정했다면 부처가 되는 길은 아주 넓어집니다.

아미타불과 만나 맹세만 하면 그 뒤로는 주변 사람들을 돕는 수행을 한결같이 반복함으로써 부처가 되어 열반에 들 수 있지요. 그러니 우리는 우선 그 아미타불에게 '부디 당신의 세계로 이끌어주소서' 하고 부탁을 해야 합니다. 인도어로 '아미타불님, 잘 부탁드리겠습니다'라고 말하는 거지요. 인도어로 '잘 부탁드립니다'는 '나마스'이니 '나마스 아미타불님'이 됩니다. 이 말은 인도어의 음운 변화에 따라 '나무아미다'로 바뀝니다. 그 뒤에 '불'이 붙으면 나무아미다불. 이 말이 '나무아미타불(南無阿彌陀佛)'이라는 염불로 변했지요. 이 염불만 읊으면 아미타불이 잘 이끌어주시리라. 이것이 바로 일본의 대승불교에서 중요한 축을 담당하는 미타신앙•의 본질입니다.

아미타불만 믿으면 수행은 필요 없다

그렇다면 이른바 '타력본원'••의 의미 또한 이해할 수 있습니다. 전능한 아미타불이 있으니 우리들은 아무것도 할 필요가 없습니다. 스스로 노력한다는 말은 아미타불에 대한 불신을 의미하게 되니까요. 아미타불을 믿는다면 아무것도 하지 않는 것이 바른 태도

• 彌陀信仰. 어떠한 고통도 존재하지 않고 오로지 기쁨과 평안만이 있는 극락세계에 가기 위해 아미타불을 신봉하는 불교의 한 형태. 아미타불신앙, 정토신앙(淨土信仰)이라고도 한다.

•• 他力本願. 자신의 힘이 아닌 타력, 즉 아미타불의 힘에 의지하여 구원을 바라는 것을 뜻한다.

인 셈입니다.

물론 본래대로라면 아미타불 앞에서 맹세를 하고서 남을 돕는 행동을 반복해야 합니다. 실제로 2000년 전의 미타신앙 경전에는 그렇게 나와 있습니다. 그러나 시간이 흐르면서 경전의 내용도 변해갔지요. 원래는 아미타불과의 만남을 시작으로 수행을 거듭해야 하나, 점차 두 손 모아 빌어서 아미타불의 세계로 가기만 하면 목적을 달성한다는 식으로 말입니다.

아미타불의 세계를 '극락(極樂)'이라고 합니다. 석가가 창시한 초기의 불교에서는 번뇌를 끊고 윤회를 멈춰서 '열반'에 드는 일이 목적이었지만 어느새 쾌적한 삶이 보장된 극락을 목적지로 삼게 되었지요. 본디 그 쾌적한 극락이라는 세계를 출발 지점으로 삼고 부처가 되어 열반에 들기 위한 수행을 쌓아야 하지만 그 부분은 점차 등한시되었고, 극락의 쾌적함을 더욱 강조하기 시작했습니다. 일본의 미타신앙 또한 그런 흐름의 연장선상에 있습니다.

P 세계를 이해하고자 하는 관점은 같아도 목적이 다르면 결과물도 달라지는군요. 과학은 자연계에 대한 이해 자체가 목적입니다. 그렇지만 불교처럼 '더 나은 삶'이라는 목적이 있다면 단순한 이해만으로는 부족하겠지요. 이야기를 들어보니 그 목적을 위해 스토리를 지어낸 것처럼 보이기도 합니다.

석가의 불교에서 대승불교로의 전환은 세계관이 변했다기보다는 세계관을 만드는 방식이 달라졌다고 보아야 할 듯합니다.

주의해야 할 점은 방금 말씀드린 아미타불에 관한 이야기는 다양한 대승불교 중 하나에 불과하다는 사실입니다. 대승불교의 목적은 '부처와 만날 수 없는 우리들이 부처가 되기 위한 방법'이라는 어려운 문제의 해결이니, 목적을 달성하기 위한 방법은 하나가 아니지요. 그래서 각각의 해결책에 대응하여 새로운 세계관이 생겨나게 되었습니다. 따라서 모든 대승불교가 평행세계를 상정하지는 않습니다. 개중에는 '실은 모두들 과거에 부처와 만났던 적이 있지만 그 사실을 잊었을 뿐이다'라는 발상도 있습니다. 그 기억을 떠올리면 누구나 부처가 될 수 있다는 말이지요.

P 무한한 세계 어딘가에 부처가 있다는 말이 아니라 무한한 과거에 무한한 부처가 있었을 테니 윤회를 거듭하는 사이에 어딘가에서 만났으리라는 논리군요.

그렇습니다. 그럼 과거에 부처와 만났는지는 어떻게 확인하면 좋을까요. 그에 따른 대답은 이러합니다. '이 경전을 읽고 당신의 마음이 움직였다면 당신은 과거에 부처와 만난 적이 있다.' 그렇다면 읽고 있는 경전이 부처가 될 수 있을지를 결정하는 리트머스 시험지나 마찬가지인 셈입니다. 당연히 모두가 '그러고 보니 살짝 마음이 흔들린 것 같은데?'라고 대답하겠지요.

이처럼 대승불교에서는 매사에 '부처와의 만남'을 가장 중요하게 여깁니다만, 진짜 문제는 '부처를 만나 맹세를 한 다음에 해야 할 일'입니다. 아미타불에게 '잘 부탁합니다' 하고 빌면 바로 목적이 달성된다는 미타신앙은 별개로 치고, 일반적으로 생각한다면 맹세를 한 다음부터는 수행이라는 관점에서 주변 사람들을 도와야 하지요. 조금 전의 예에 따르자면 토끼나 원숭이의 이타행•이겠습니다. 하지만 이는 석가 본연의 불교와는 모순됩니다. 본래의 불교에서 이타행은 부처가 되기 위한 수행이 아니기 때문이지요.

타인을 돕는 일은 옳은 행위지만 '업'이라는 사고방식에 따르면 옳은 일을 하거든 다음에는 안락한 삶을 누리게 되고, 나쁜 일을 하면 괴로운 삶에 허덕이게 됩니다. 그래서는 윤회가 끝나지 않지요. 석가의 불교는 윤회 자체에서 벗어나 두 번 다시 다른 곳에 태어나지 않는 것이 목적입니다. 그러니 깨달음을 바란다면 사실 옳은 일을 해서는 안 된다는 말입니다.

따라서 석가의 가르침에 따라 출가한 승려는 세속적인 의미에서의 선행은 하지 않습니다. 놀라실 수도 있겠지만 본디 그러합니다. 다만 그 행위가 '업'이 되지 않는 방법도 있습니다.

'업'이란 행위 자체가 아니라 사람이 그 행위를 취했을 때의 마

• 利他行. 중생을 구제하기 위해 남에게 덕을 베푸는 행위.

음가짐에 따라 생겨납니다. 예를 들어 쓰러진 사람을 발견하여 '좋아, 이 사람을 위해 옳은 일을 하자'라고 생각해서 선행을 베푼다면 이는 '업'이 되겠지요. 착한 일을 했으니 다음 생에는 안락한 삶을 누리게 됩니다. 그렇지만 쓰러진 사람을 보고 아무런 생각 없이, 전혀 동요하지 않고 평온한 마음으로 도왔을 때는 '업'이 되지 않습니다. 윤회를 끌어들이지 않는다는 의미에서 보자면 참된 선행이지요. 석가의 불교에서 말하는 이상적 선행은 자각 없이 행하는 선행입니다.

그러나 부처가 되고자 하는 사람이 수행의 관점에서 타인을 돕는다면 그에게는 분명 '옳은 일을 하자'라는 의지가 있는 셈이니 '업'이 되고 말지요. 이러한 '업'을 거듭 쌓다 보면 윤회는 멈추지 않으니 당연히 부처도 되지 못합니다.

그런데 불교에서는 석가가 과거에 부처와 만나 맹세를 하고서 수행의 일환으로 토끼가 되어서도, 쥐가 되어서도 주변의 이들을 꾸준히 도왔다고 하지요. 어째서 석가는 그러고도 부처가 될 수 있었는지 그 이유를 설명해야만 합니다. 이것이 대승불교에 마지막으로 남은 걸림돌입니다.

석가의 불교 vs 대승불교

걸림돌을 치우기 위해 이러한 이론이 생겨났습니다. '좋은 일을 하면 천상에서, 나쁜 일을 하면 지옥에서 태어난다는 업의 인과율은 인간의 모자란 지혜가 찾아낸 법칙에 불과하다. 그러나 실제로는 이를 초월하는 또 다른 법칙이 존재한다. 그 법칙에서 보지면 특정한 원인이 인간으로서는 예상하기 어려운 결과로 이어지기도 한다.'

석가의 가르침은 낮은 수준의 법칙성이니 그 내면에 자리 잡은 훨씬 심오한 법칙성을 이해하면 타인을 돕는 선행이 환생과는 다른 결과로 이어지게 됩니다. 즉, 천상에서 다시 태어난다는 결과가 아니라 부처로 모두를 구원한 뒤 열반에 들게 된다는 더욱 높은 결과로 이어질 수 있다는 말이지요. 이렇게 자신의 행위에 깃든 힘을 인간 수준의 저차원적 법칙이 이끄는 방향이 아닌, 훨씬 심오한 법칙이 이끄는 방향으로 향하게 하는 것을 '회향(回向)'이라고 합니다.

그렇다면 그 심오한 법칙은 무엇일까요. 인간의 말로는 설명할 수 없는 법칙입니다. 하지만 존재한다는 사실만큼은 분명하지요. 존재한다는 것은 알지만 말로는 표현할 수 없는 궁극의 법칙, 이를 대승불교에서는 '공(空)'이라고 부릅니다. '공'의 법칙이 있기에 우리들은 회향할 수 있게 됩니다. 따라서 속세에서 다른 이를 돕더라도 회향을 통해 부처가 되어 열반에 들 수 있지요.

이 '공'의 중요성을 강조하려면 결과적으로 석가의 지혜를 낮잡아 보아야만 합니다. '공'은 석가의 가르침보다 위에 있지요. 그러니 대승불교는 석가의 지혜를 체계화한 '아비달마'를 부정했습니다. 예를 들어 대승불교의 『반야심경(般若心經)』에는 '무안이비설신의(無眼耳鼻舌身意)'라고 쓰여 있습니다. 눈, 귀, 코, 혀, 몸, 마음의 여섯 가지 인식기관이 '없다'는 뜻이니 아비달마를 모두 부정하는 셈이지요.

또한 『반야심경』에는 '색즉시공(色卽是空)'이라는 유명한 말이 있습니다. '색은 공이다'라는 뜻인데, 다시 말해 아비달마에서 물질적 요소를 가리키는 '색법(色法)'은 '공(空)'이라는 주장입니다. 물질이 존재하지 않는다는 뜻이 아니라 이 세계를 물질, 마음, 에너지로 분류하는 것 자체가 잘못이라는 의미지요. 아비달마의 분류법을 해소하고 '공'의 법칙으로 재해석하면 세상이 다르게 보인다는 의미인 색즉시공과 반대로, '공즉시색(空卽是色)'은 '공'이라는 고도의 법칙이 인간계에서 발현되면 마치 '색법'처럼 보인다는 뜻입니다.

이상으로 아비달마에서 체계화된 석가의 불교와 대승불교의 차이를 속성으로 설명했습니다. 세계관을 구축하기 위한 입각점에서 둘은 근본적으로 다릅니다. 석가의 불교는 세계를 지배하는 법칙을 발견하여 스스로를 구원하려 했습니다. 반면 대승불교는 구원을 받기에 알맞은 세계관을 직접 구축했지요. 과학과의 접점이라는 관점에서 본다면 역시 석가의 가르침에서 더욱 친근감이 느껴진다고 할 수 있겠습니다.

3부

‘참된 삶’이란
무엇인가

세상의
참된 모습
바라보기

석가는 결코 완벽한 인간이 아니었다

P 지금까지 나눈 이야기를 통해 사사키 선생님이 불교학자로서 어떤 생각을 하고 계신지 잘 알았습니다. 사사키 선생님은 학자로서 불교를 연구하는 한편 승려이기도 하시죠. 다시 말해 불교학자이자 불교도다, 이렇게 생각해도 될까요?

B 저 스스로는 승려나 불교도 대신 '불교인'이라는 표현을 씁니다. '불교도'는 어느 특정 조직의 교리에 따르는 구성원이라는 뉘앙스가 있는데, 저는 어느 조직에도 속해 있지 않거든요.

P 기독교에서도 '기독교도'라고 부르거나 '기독교인'이라고 부르는데, 그런 차이일까요?

B 비슷합니다. 물론 '불교인'이라는 단어는 불교를 바라보는 관점에 따라 여러 해석이 가능합니다. 예를 들어 히에이산• 에서 천일회봉행•• 수행을 하는 사람들은 천태종이라는 종파에 몸담고 있는 불교인이라고 생각합니다. 하지만 저는 후세에 생겨난 종파가 아니라 석가가 창시한 종교적 이념에 의지하고 있습니다. 제가 승려의 자격을 지닌 이유는 그저 우연찮게 절에서 태어났기 때문입니다.

P 단도직입적으로 묻겠습니다. 석가의 가르침을 종교로서 믿고 계십니까?

B '종교로서'라는 말씀의 의미가 어렵군요. 저는 결코 석가가 절대적으로 완벽한 인간이라고는 생각지 않습니다. 우리와 같은 인간이었으니 잘못된 말도 했을 테고, 선입관이나 편

• 比叡山. 교토 동북부에 있는 산으로, 일본에서는 불교의 성지로 통한다.
•• 千日回峰行. 7년에 걸쳐 산길을 걷는 일본 천태종 수행자의 수행법. 총 1000일을 걷는다 하여 붙은 이름이지만 실제로는 975일을 걸으며, 나머지 25일에는 '평생 수행하라'는 의미가 담겨 있다.

견도 지니고 있었으리라 봅니다. 다만 당시 인도에서는 생각할 수 없을 정도로 합리적인 정신의 소유자였던 것만큼은 분명합니다. 그러한 인물이 제시한 삶의 방식이 제게는 몹시 매력적으로 다가왔습니다. 그래서 그 방식을 삶의 지표로 삼으려 하고 있는 것입니다.

그렇지만 석가의 세계관이 모두 제 것이 되리라고는 생각지 않을뿐더러 바라지도 않습니다. 이를테면 석가의 가르침에는 '윤회'나 '업'과 같이, 현대인의 관점에서 보자면 불합리한 요소가 무척 많지요. 불교학자로서는 그 또한 연구 대상 중 하나입니다만, 불교인의 관점에서 생각할 때는 윤회와 업은 제외합니다.

삶의 고통은 자신의 지혜로 극복하라

P 석가의 가르침 중에서 현대인이 받아들일 수 있는 부분에 의지하신다는 말씀이군요. 그럼 현대인은 불교의 어떤 부분을 믿고 의지할 수 있을까요?

B 우선 일반적인 종교와는 다르게 외적인 힘에 따른 구제를 일절 용인하지 않는다는 점이겠지요. 신에게 구원을 받자는 뜻은 전혀 없습니다. 한편으로 불교의 세계관은 삶이 절

대적 고통이라고 봅니다. 이 또한 제 생각과 같습니다. 삶이란 본질적으로 고통이며, 즐거움은 그 위에 떠다니는 덧없는 거품과도 같습니다. 삶의 고통을 자신의 지혜로 극복하라고 석가는 말합니다. 자신의 마음속에 고통을 낳는 시스템이 있으니 그 시스템을 자력으로 바꿔야만 한다는 말이지요. 석가는 이를 위한 방법까지 알려주었습니다. '깊게 생각해보라'는 것입니다.

P 깊게 생각해서 고통의 근원이 무엇인지 이해하라는 말이군요.

B 달리 표현하자면 세상의 참된 모습을 바라보라는 말이니, 과학과 같네요. 물론 과학은 우리들의 고통을 없애기 위해 존재하지는 않습니다만.

P 말씀하신 대로 과학 또한 세상을 바르게 보고 세상의 구조를 깊이 이해하기 위한 방법 중 하나입니다.

B 또한 저는 무조건 신비한 힘에 의지하라는 사고방식을 싫어합니다. 그래서 고통을 해소하는 방법으로 꾸준한 훈련을 꼽는다는 점에도 마음이 끌렸죠.

P 그렇군요. 그런 방법으로 고통에서 벗어날 수 있다고 보장한다는 점이 불교라는 종교의 가장 핵심적인 부분이라고 생각하시는군요.

B 그렇습니다. 저는 그러한 보장을 신뢰합니다. 그래서 평소에 불교의 '신앙인'이 아닌 '신뢰자'라고 말합니다.

P 무슨 근거로 고통에서 구원받을 수 있다고 보십니까?

B 근거는 자신의 체험밖에 없겠지요.

P 실제로 석가의 가르침에 따라 고통의 근원에 대해 깊게 생각해보고 그 뿌리를 이해함으로써 고통에서 벗어날 수 있었다는 말인가요?

B 가능하다고 봅니다. 고통에서 벗어났으면 이미 깨달았다는 말이니까요(웃음). 하지만 실제로 골인 지점에 도착하지 않더라도, 그곳에 도달할 수 있다는 기대감만으로도 고통 해소에는 큰 도움이 된다고 생각합니다.

P 그게 사사키 선생님의 관점에서 바라보는 불교군요. 제2부 강의에서 불교의 세 가지 이념에 대해 말씀하셨는데, 초월자의 존재를 인정하지 않으며 현상세계를 법칙성에 따라 설명한다는 첫 번째 이념은 과학적 태도와 유사하다고 느꼈습니다. 물론 전통적 불교의 법칙에는 윤회나 업과 같은 초자연적인 현상도 포함되어 있으니 그 부분은 과학자로서 받아들일 수 없습니다. 하지만 그러한 부분을 제외하면 — 사사키 선생님도 윤회는 믿지 않는다고 하셨지요 — 불교의 가르침은 현대를 살아가는 우리들도 쉽게 받아들일 수 있을 듯합니다. 모든 현상은 법칙을 따르며, 도중에 신이 끼어들어 자의적 판단을 내릴 여지는 없다는 점에서 말입니다. 이슬람교에서는 사사키 선생님처럼 가르침 중 일부만을 받아들이는 일은 있을 수 없겠지요.

B 이슬람교에서는 용납되지 않겠지만 불교에서는 허용된다고 저는 생각합니다. 이 이야기는 과학과 종교의 연관성으로도 이어집니다.

과학의 세계에서는 '이 세상의 올바른 모습과 법칙성을 알고 싶다'는 의지에 따라 과학자가 계속 새로운 세계관을 쌓아나갑니다. 시간과 공간이 절대적 존재가 아니라는 등 오구리 선생님의 이야기를 통해서도 모두가 상식처럼 여기던 개념이 뒤집어졌음을 잘 알 수 있었지요. 그런데 많은 사람들이 이러한 과학의 경이로운 발전과는 무관하게 기존의 상식에 따라 살아가고 있습니다. 대단히 흥미로운 사실이지요. 과학은 세상의 진실을 알려주고 있는데도 우리는 그 과학을 자신의 일처럼 가까이 받아들이지 못하는 기묘한 현상이 존재하는 셈입니다.

한편 종교는 그 반대라고 생각합니다. 자신의 일처럼 받아들여야 하는 현실이 펼쳐져 있습니다. 이제껏 누리던 것을 잃게 만드는 죽음이나 병 같은 현실 말입니다. 이와 같은 현실 때문에 평온하게 돌아가던 일상이 홀연히 무너지게 됩니다. 그래서 사람들은 언제 붕괴될지 모르는 세상에서 자신의 정신세계를 지키기 위해 새로운 세계관을 추구하지요. 그것이 바로 종교입니다.

새로이 생겨난 세계관 중에서도 '불멸'이라는 세계관이 가장 전형적이겠지요. 종교가 이야기하는 사후세계가 실제로 존재하는지는 과학적으로 따질 문제가 아닙니다. 자신의 세계가 붕괴할 때 지탱해줄 무언가가 있다면 그 세계관은 가치가 있다는 뜻이 됩니다. 과학적 세계관에서는 옳고 그름이 중요하겠지만 종교가 만들어낸 세계관에서는 객관적으로 진실인지 거짓인지보다 자신의 정신을 지탱해줄 수 있는지를 우선시합니다.

과학과 종교가 어떠한 형태로 조화를 이룰 수 있다면, 그러기 위해서는 종교가 만들어낸 세계관과 과학적 세계관이 부분적이나마 어딘가에서 이어져야만 합니다.

양자역학을 몰라도 살아갈 수는 있지만

P 과거 400년 동안 과학은 비약적 진보를 거뒀고, 우리들의 경험세계는 크게 확장되었습니다. 신비로운 기원을 지닌 종교와 달리 불교가 석가라는 특정 개인의 경험에서 비롯된 종교라면 과학의 진보로 확장된 세계에는 석가가 몰랐던 사실도 많을 테지요. 그래서 석가의 한정된 경험을 토대로 생겨난 불교는 현대 사회에 적용되지 않는다는 견해도 있습니다.

하지만 저는 꼭 그렇지는 않다고 생각합니다. 자연계에는 계층 구조가 있고, 각각의 계층마다 법칙이 존재한다고 생각합니다. 어떤 계층을 이해하기 위해 더욱 깊은 계층의 법칙을 알 필요는 없습니다. 예를 들어 화학을 연구하는 사람은 더우 깊은 계층인 원자핵물리학의 법칙을 몰라도 분자 수준의 이론만으로도 새로운 물질을 충분히 만들어낼 수 있습니다. 생물학을 연구하는 사람 또한 쿼크까지 알아야 할 필요는 없겠지요.

인간세계도 마찬가지입니다. 예를 들어 우리들이 일상적인 세계에서 경험하는 대부분의 현상은 양자역학이나 초끈이론과 직접적인 관련은 없습니다. 특히 석가가 고통이라 여긴 '노, 병, 사' 등은 인간세계 안에서 늘 벌어지는 현상입니다. 그러므로 석가의 시대를 살아간 사람들이 그에 대해 생각해낸 지혜는 현재도 살아 숨 쉰다고 할 수 있습니다.

반면 자연계의 법칙이 규명되면서 종교적 주장이 부정되기도 합니다. 우리들이 일상생활에서 경험하는 모든 현상은 물리학의 기본 법칙이 지배하고 있고, 따라서 그 기본 법칙과 모순을 일으키는 신비한 현상이나 초자연적 현상은 일어나지 않습니다.

B 깊은 계층 구조가 존재한다는 사실을 이해하고 일상세계를 살아가는 것과 그런 구조에 대한 이해를 방치하고 살아가는 데에는 큰 차이가 있습니다. 자연계의 계층 구조를 모르는 사람들은 초자연적 현상을 믿게 되겠지요. 이는 큰 문제라고 봅니다. 이른바 '사이비 과학'의 본질은 여기에 있습니다.

P 그 점이 중요합니다. 과학이 자연계의 모든 현상을 해명하지는 못했지만 특정한 계층에서 어떤 현상은 일어날 수 없다고 확실하게 말할 수 있습니다. 흔히 말하는 초자연 현상

의 대부분은 이미 부정되어 있죠.

만물을 과학적으로 바라보고자 하는 아비달마의 자세

B 석가에게 이 세상의 모든 물리 현상을 이해하고자 하는 의도는 전혀 없었습니다. 고찰 대상은 오로지 마음속에 있으니 외부에 관한 고찰은 애매모호하고 무책임했지요. 과학의 발끝에도 미치지 못합니다. 하지만 정신의 내부적 분석에 관해서는 석가에서 비롯된 불교적 정신분석학이 발전을 거듭하여 '아비달마'라는 하나의 장르로 결실을 맺었습니다. 물론 수학이라는 언어를 사용하지 않으므로 과학과는 도저히 비교할 수 없습니다만, 아비달마에는 만물을 과학적으로 보려는 자세가 담겨 있습니다. 외적인 신비성을 배제하고 세상을 바르게 바라보고자 한 석가의 마음가짐을 그대로 이어받고 있으니까요.

P 그 아비달마의 불교적 정신분석에 대해 조금 더 들려주시겠습니까.

B 석가는 세계가 정신과 물질이 이어져 하나 된 형태로 성립되어 있다고 생각했습니다. 따라서 우리들의 정신세계와

물질세계를 이어주는 연결 고리가 있다고 생각했지요. 그 연결 고리가 바로 인간의 인식기관입니다. 인식기관은 물질로 조성되어 있지만 정신에 작용하지요. '외부의 물질, 마음, 인식기관이라는 세 가지가 일체화된 곳에 우리들은 존재한다.' 석가는 이렇게 분석했습니다.

그럼 그 물질과 마음과 인식기관은 각각 몇 종류일까요? 물리학자라면 현재까지 물질을 형성하는 소립자는 17종류가 있다고 생각하겠지만, 불교에서는 정신과의 대응관계가 분류의 기준이므로 외계의 종류는 결과적으로 인식의 종류에 따라 정해집니다. 그러므로 외계의 물질은 모두 5종류로 나뉩니다.

P 인간에게 '오감'이 있으니 그에 대응하여 물질 또한 5종류가 있다고 보았군요.

B 그렇습니다. 그리고 제2부에서도 말씀드렸듯이 불교에서는 한 가지 더, 마음이 아니고서는 인식할 수 없는 대상이 있다고 봅니다. 그러니 5종류의 육체적인 인식기관에 마음이라는 내적 인식기관까지 더해 6종류의 인식기관을 상정합니다. 이를 '육근(六根)'이라고 합니다. 물질, 정신, 인식기관이 일체화된 세계가 시간과 함께 변해간다는 것이지요.

시간에 대해서는 과거와 미래의 모든 존재가 실재한다고

생각합니다. 다만 과거와 미래 모두 존재하되 작용은 하지 않습니다. 미래에 있는 존재가 작용한 상황을 현재라고 부르고, 작용이 끝난 상황을 과거라고 부르지요. '영사기의 필름이 돌아가듯이 미래에서 과거로 모든 존재가 흘러가는 가운데 6종류의 인식 체계가 어떻게 작용하는지를 살펴본다.' 이것이 바로 아비달마의 기본적인 세계관입니다.

P 객관적인 외적 세계와 그 세계를 인식하는 쪽이 하나로 이어져 있다고 생각하는 건가요?

B 그렇습니다. 다만 대승불교로 바뀌면서 외부의 세계는 마음이 만들어낸 환상이라는 식으로 변하지만요.

P 서양 철학의 유심론•과 비슷하군요.

B 맞습니다. 하지만 석가는 결코 그런 말을 하지 않았습니다. 석가가 창시한 본래의 불교에서는 외부의 세계가 확실히 존재한다고 생각했습니다.

• 唯心論. 우주의 궁극적 실체는 정신이며, 물질보다 정신이 우위에 있으므로 세상의 모든 현상은 정신적으로 설명할 수 있다고 보는 견해.

P 불교가 우리들의 인식이 어떻게 이루어져 있는지를 이해하고자 한 이유는 세계를 바르게 이해하여 궁극적으로는 고통을 제거하기 위해서였군요.
그렇다면 과학이 세계를 바르게 인식하기 위한 더욱 효과적인 방법을 불교에 전해줄 가능성도 있을까요. 예를 들어 뇌나 신경의 작용을 더욱 과학적으로 이해하게 되면 아비달마의 세계관이 부정될지도 모르지요. 고통을 끊어낸다는 궁극적인 목적을 위해 세계를 바르게 바라보아야 한다면 과학적 견해를 받아들일 수도 있지 않겠습니까.

B 가능하다고 봅니다. 만약 뇌과학적 지식이 불교에 도움이 된다면 얼마든지 받아들일 수 있다고 저는 생각합니다. 최선의 방식은 만물을 바르게 바라보는 것이라는 원칙만 지킨다면 과학적 견해가 오래전부터 내려온 불교의 교리를 부정한다 해도 문제 될 일은 아닙니다.

P 그런 점에서 불교는 열려 있다는 말이군요. 세계에서 무척 큰 영향력을 지닌 주류 종교 중에서도 특이한 스타일이네요.

B 그렇습니다. 다만 어디까지나 석가와 가까운 불교가 그렇다는 말입니다. 일본의 대승불교처럼 바뀌면 기독교나 이슬람교 같은 종교와 더욱 가까워지게 됩니다. 자력 구제가 아니라 외부의 절대적 구원자를 인정하게 되니까요.

P 일반적으로 종교를 믿는다는 말은 무슨 뜻일까요? 사사키 선생님은 고통의 구제에서 불교의 본질을 찾아내셨는데, 본질적인 부분에 대한 믿음은 저도 이해가 됩니다. 그렇지만 절대적 초월자의 존재를 믿는 종교는 또 다르겠지요. 그런 일종의 종교적 각성에 대해서는 어떻게 보시나요?

B 사람에 따라 다르겠지만 제 마음속에도 절대적 존재에 대한 감각은 있습니다. 다만 이는 저 개인의 내면적 문제이니 다른 사람에게 불교나 종교를 논할 때는 그런 말을 입 밖에 내지 않습니다. 그래도 초월자를 믿는 사람들의 심정은 충분히 이해합니다. 하지만 초월자를 신봉하는 다수의 신앙인은 조직을 전제로 종교를 믿습니다. 같은 생각을 지닌 사람들이 모인 단체의 구성원으로서 특정 종교를 믿는다는 말입니다. 저는 이러한 형태를 모종의 인위적 신앙이라고 생각합니다.

P 조직이 있다는 사실에 안도감을 얻는다는 말이군요. '이렇

게나 많은 사람이 믿으니까'라든지 '이렇게 대단한 사람도 믿으니까'라는.

B 뭔가를 옳다고 믿는 데에는 다양한 배경이 있다고 봅니다.

경험의 축적으로 판단하는 '베이지안'의 관점

P 저는 과학자이니 처음부터 '이건 옳다', '저건 그르다'라고 일방적으로 믿는 일은 없습니다. 그럼 어떻게 생각하느냐, 저는 이른바 '베이지안'이기 때문에 베이즈 추론Bayesian inference으로 신뢰도를 가늠하지요.

베이즈 추론이란 본래 확률이나 통계에 관한 이론으로, 새로운 경험을 통해 확률의 평가를 계속해서 갱신해나가는 사고방식입니다. '경험으로 배운다'라는 말의 수학적 표현이 바로 베이즈 추론입니다. 예를 들어 졸저인 『수학의 언어로 세상을 본다면(数学の言葉で世界を見たら)』에서는 베이즈 추론의 응용 사례로 원자력 발전의 안전성에 대해 생각해보았습니다. 과거에는 많은 사람이 원자력 발전을 안전하다 여겼지만 동일본 대지진 때 후쿠시마에서 벌어진 사고를 겪으면서 신뢰성이 흔들렸지요. 이렇듯 경험에 따른 견해의 수정을 수학적으로 표현하는 방식이 베이즈 추론입니다.

B 베이지안은 베이즈 추론이라는 사고방식에 입각하여 세계를 인식한다는 말이군요.

P 네. 예를 들어 물리학의 세계에는 양자역학이나 아인슈타인의 상대성이론 등 확립된 기본 법칙이 있습니다. 이들 기본 법칙은 어째서 옳다고 여겨질까요. 이러한 토론이 벌어질 때면 과학철학자 칼 포퍼•의 '반증가능성falsifiability'이라는 논리가 종종 언급됩니다. 제1차 세계대전 이후로 유럽에서 맹위를 떨치던 공산주의자들이 자신들의 주장을 과학으로 칭하는 데 반감을 품은 포퍼가 과학과 과학이 아닌 것을 명확하게 분류하기 위해 생각해낸 주장이지요. 반증가능성이란 '과학적 법칙은 실험이나 관측을 통해 부정될 가능성이 있어야 한다'라는 주장입니다. 다시 말해 언제나 실험이나 관측에 의해 부정당할 위기와 마주해야 한다는 뜻이죠. 하지만 마르크스 레닌주의••는 그것을 부정하는 역사적 사실

• Karl Raimund Popper(1902~1994년). 오스트리아에서 태어난 영국의 철학자. 과학은 합리적 가설을 제시하고 반증을 통해 시행착오를 거치는 과정에서 성장한다는 인식론인 '비판적 합리주의'를 주장하였다.

•• Marxism and Leinism. 레닌이 러시아 혁명이라는 현실적 과제를 해결하는 과정에서 마르크스주의를 수정하고 발전시킨 사상. 예를 들어 마르크스는 국가를 지배 계급의 강제적 지배 수단으로 보고 무의미하다 생각했지만, 레닌은 국가 체제가 필요하다고 여겼다.

이 발견되더라도 얼마든지 그럴싸하게 말을 맞춰서 설명을 해버리니 반증가능성이 없습니다. 따라서 과학이라고 부를 수 없습니다.

완벽하게 옳은 것은 없다

P 그렇지만 포퍼의 주장에는 과학 현장과 부합하지 않는 부분도 있습니다. 예를 들어 연구가 한창일 때는 가설이 금세 검증되리라는 보장이 없습니다. 최근의 사례를 보자면 힉스 입자의 예견은 50년에 걸쳐 검증되었고, 중력파에 이르러서는 100년이나 걸렸지요. 이러한 경우, 포퍼가 생각해낸 명확한 경계선을 긋기란 어렵습니다. 그렇다면 당장 검증할 수 없는 이론의 정확도는 어떻게 판정을 내려야 할까요.

저는 매사를 '옳다'와 '옳지 않다'라는 단 두 가지 선택지로 나누기는 어렵다고 생각합니다. 신뢰도에는 '거의 확실하게 옳다', '옳을 듯하다', '옳을지도 모른다' 등 여러 가지가 있을 수 있습니다. 쉽게 말해 '옳음의 확률' 문제지요.

자연이 채택한 법칙에는 확률이 높은 법칙도 있거니와 확률이 낮은 법칙도 있습니다. 400년 전 근대과학의 방법론이 확립된 이래로 오늘날에 이르기까지, 이론적인 가설과 실험에 따른 검증을 되풀이하는 과학적 방법이 자연의 구조를 밝혀낼 수 있었던 이유는 '검증'이 옳음의 확률을 평가하는 방법론으로도 효과적이었기 때문이라고 봅니다. 예를 들어 유망하다고 여겨졌던 가설이 새로운 실험에 따라 기각될 때가 있습니다. 이는 베이즈 추론의 과정이라고 생각할 수 있습니다.

조금 전에 예로 든 중력파로 말하자면, 아인슈타인이 처음에 중력파를 예견한 때는 1915년이었습니다. 하지만 그 뒤로 40년 가까이 이론적 수준에서조차 의문이 존재했지요. 난해한 아인슈타인의 이론에서 과연 중력파의 존재가 도출될지 이론물리학자들도 합의를 이끌어내지 못했습니다. 아인슈타인 스스로도 자신이 없었기 때문에 1936년에는 중력파의 존재를 부정하는 논문을 썼지요(이 논문은 잘못되었기 때문에 스스로 철회하였습니다). 이러한 이론적 문제는 1950년대에 비로소 해결되었으니 그 무렵을 기준으로 베이즈 추론을 해보면 확률은 50퍼센트 정도가 나오지 않을까요.

또한 1970년도 초반에는 쌍성•의 공전주기에 변화가 관측되었는데, 쌍성이 중력파를 방출하기 때문에 공전주기가

• binary star. 두 개 이상의 별이 서로의 인력에 이끌려 공통된 무게중심의 주위를 일정한 주기로 공전하는 항성을 말한다.

점점 빨라진다면 중력파의 존재를 매끄럽게 설명할 수 있으므로 확률은 80퍼센트 정도까지 올라갔습니다. 중력파를 간섭적으로 검증한 이 발견은 노벨물리학상의 수상 대상이 되기도 했습니다. 그러다가 2015년 미국의 LIGO•에서 실시한 실험을 통해 직접 관측에 성공하였으니 거의 100퍼센트로 확률이 올라간 셈이지요.

과학에서 '완벽하게 옳은' 것은 없습니다. 그보다는 각각의 이론이 얼마나 바르게 세계를 기술하는지를 확률적으로 검토합니다. 과거 400년 사이에 과학이 커다란 성공을 거둔 이유는 확률을 평가하는 방법이 효과적이었기 때문일 겁니다. 100퍼센트 옳을 수는 없지만 일상에서 벌어지는 현상에 대해서는 100퍼센트에 가까운 확률로 바른 이해에 도달해 있습니다.

그렇지만 당연히 인간에게는 그렇게 딱 잘라 설명할 수 없는 현상도 무척 많습니다. 종교만 하더라도 그렇지요. 이를테면 석가의 가르침에 따라 고통에서 구원받을 수 있다는 사사키 선생님의 믿음은 80퍼센트 정도일지도 모릅니다.

B 옳으신 말씀이라고 봅니다.

• Laser Interferometer Gravitational-Wave Observatory(레이저 간섭계 중력파 관측소). 미국 워싱턴주의 핸퍼드와 루이지애나주 리빙스턴에 위치해 있는 중력파 관측 시설이다.

P 우리들이 살아가는 인간세계를 인식하는 방법에는 다양한 채널이 있을 수 있으므로 이 채널을 통합하면 세계를 더욱 깊이 이해하게 된다고 생각합니다. 과학적 방법은 대단히 효과적이지만 한정된 상황에서만 사용할 수 있습니다. 과학이 적용되지 않는 상황이라면 다른 인식 방법이 필요하죠. 다만 그 방법은 열려 있어야 합니다. 열려 있다는 것은 틀렸을 때 고칠 수 있다는 뜻입니다. 이는 과학뿐 아니라 다른 방법론에서도 마찬가지로, 무엇보다 중요한 사항은 베이즈 추론에 따라 지식이나 이해를 갱신하는 일이라고 생각합니다.

역사적 관점에서 우주의 변화는 검증할 수 있는가

B 예를 들어 진화론은 어떤가요? 비과학적이라고 보는 사람도 많은데요.

P 역사와 관련된 과학은 비과학적이라고 비판을 받는 측면도 있다고 봅니다. 지구상에서 생명체의 진화는 한 번밖에 벌어지지 않으므로 실험으로 재현할 수는 없으니까요.
그러나 가설을 세우면 역사도 검증할 수 있습니다. 예를 들어 생명체가 진화하는 과정을 추정했다고 합시다. 그리고 다른 장소에서 이 추정을 뒷받침하는 화석이 발견된다면 베이즈 추정치는 상승하겠죠. 또한 자연선택• 등의 과정을 실험실에서 검증할 수도 있습니다.

B 그렇게 생각하니 포퍼가 말한 반증가능성은 역시 과학을 너무나도 협소한 공간에 가둔 듯한 느낌이 드는군요.

P 포퍼가 반증가능성을 주장한 동기는 과학적 방법론과 그렇지 않은 세계 인식의 방법론 — 포퍼의 표적은 마르크스 레닌주의였습니다만 — 을 명확하게 구별하기 위해서였습니다. 하지만 그 목적에 지나치게 얽매였던 듯합니다. 조금 전에 예로 든 중력파처럼, 모든 과학적 가설이 책상머리에 앉아서 생각할 정도로 쉽게 흑백이 가려지는 것은 아닙니다.

B 제 생각도 그렇습니다. 빅뱅이론 이후로는 물리학에서도 역사성이 느껴지지요. 우주에 시작이 있다면 그로부터 우주가 어떻게 변화했는지를 알아보는 것은 그야말로 역사학이나 다름없습니다.

P 그렇죠. 우리들이 관측할 수 있는 우주는 하나뿐입니다. 그

• 자연계의 생활 조건에 적응하면 생존하지만 그러지 못하면 도태된다는 개념.

곳에서 벌어진 변화는 이 지구상에서 한 번밖에 일어나지 않은 생명체의 진화와 마찬가지입니다. 그렇지만 이 역시 우주론에서 예견되는 다양한 현상을 관측함에 따라 검증할 수 있죠. 역사적 현상에서도 가설과 검증이라는 과학적 방법론은 효과적입니다.

B 만약 가설이 잘못되었다면 관측될 리 없는 현상이 관측될 테니 이론의 옳고 그름을 받아들일 수 있다는 말이군요.

P 다음 실험에서는 다른 결과가 나올지도 모르니 100퍼센트 확신하기는 어렵습니다. 하지만 실험으로 검증될 때마다 베이즈 추정치는 높아지죠.

B 초끈이론은 아직 실험으로 검증되지는 않았지만 통일이론의 가장 유력한 후보로 여겨질 만큼은 받아들여지고 있다는 말이군요.

P 기적적인 방법으로 중력이론과 양자역학이 통합되는 길이 열리며 베이즈 추정치가 높아졌습니다. 물론 실험으로 검증된다면 단숨에 껑충 뛰어오르겠지만요.

B 그에 비해 제가 불교를 믿는 베이즈 추정치는 그렇게까지

높지 않네요.

P 그런 말씀을 하셔도 되겠습니까. (웃음)

B 높다고 말하면 진짜 신앙이 됩니다. 석가의 가르침을 무조건 받아들인다는 말이 되고 말지요.

선입관을 스스로 걷어내는 힘

P 그렇지만 고통에서 구제되는 부분에 대해서는 베이즈 추정치가 높겠지요.

B 높습니다. 하지만 그 부분은 석가의 가르침 전체를 보았을 때 60~70퍼센트입니다. 그 외에 윤회와 같은 이야기는 믿지 않습니다. 석가가 살아가던 당시 인도의 사회적 통념을 그대로 받아들일 수는 없으니까요.

P 현대인들은 불가능하다고 여기는 현상도 당시 사람들에게는 지극히 당연한 일이었다는 말이군요. 마찬가지로 가령 우리는 아침에 눈을 떴을 때 자신의 의식이 전날부터 이어지는 것을 당연하게 여깁니다. 그런데 잘 생각해보면 이 또

한 이상한 일이죠. 어쩌면 100년 뒤에는 모두 환상이었다는 사실이 밝혀질지도 모릅니다. 밤에 잠이 들 때마다 죽고, 아침이 되면 윤회하듯이 부활한다는 발상이 상식처럼 여겨질지도 모르죠. 어디까지나 그렇게 될 가능성이 아주 없지는 않다는 말입니다만. (웃음)

B 불교에서 생각하는 시간의 개념이 바로 그렇습니다. 밤과 아침은커녕 1찰나마다 다른 존재로 변해간다는 것이지요.

P 확실히 그렇게 볼 수도 있겠습니다. 의식이 연속되는 일은 환상일지도 모르니까요. 그렇게 받아들이자면 윤회 또한 잠들기 전의 나와 눈을 뜬 다음의 내가 같은 사람이라는 현상을 극단적으로 해석한 이야기라고도 할 수 있겠네요.

B 그렇게 해석할 수도 있기 때문에 당시의 인도 사람들이 널리 받아들였겠죠. 윤회를 전제로 하면 아귀가 맞는 현상도 아주 많으니 말입니다. 현대를 살아가는 우리의 과학적 세계관과 그다지 동떨어진 생각은 아닙니다.

P 그처럼 널리 통용되던 사회적 통념을 도입하여 세계관을 구축한 것은 당시로서는 올바른 접근법이었다고 생각되네요.

B 반대로 말하자면 석가가 윤회를 받아들였듯이 우리도 사회적 통념을 토대로 매사를 생각하고 있다고 봅니다.

P 지금도 우리들은 어떤 패러다임에 얽매여 있겠지요.

B 다만 근대과학에는 자신의 선입관을 스스로 걷어내는 힘이 있습니다.

P 그 점은 고대에 발생한 종교에는 없는 과학의 강점일지도 모르겠군요.

B 석가의 시대에는 불교에도 그러한 힘이 있었던 모양입니다. 옛 서적을 읽어보면 석가의 가르침을 둘러싸고 여러 사람들이 토론을 펼쳤고, 그중에서 가장 수긍이 가는 말을 선택하는 자세가 보입니다. 하지만 석가가 죽고 700~800년 가까이 지나면서 교리가 점차 고착화되어 한마디의 반론도 허용하지 않는 편협한 태도로 변해가지요. 그야말로 신앙의 세계로 접어든 것입니다.

P 조직이 성숙해지면서 '세계의 구조를 이해하고 싶다'라는 본연의 자세와 다른 요소가 끼어들지도 모르겠네요.

B 그럴 수는 있지요. 예를 들어 기독교의 종교 개혁은 기독교 조직에 대한 불만에서 비롯되었습니다. 다만 표면적으로는 조직 자체를 비판하기보다는 '가르침이 다르다'라고 주장하는 편이 더 설득력 있었지요. 그렇기 때문에 프로테스탄트는 성서, 신앙, 은총만을 기반으로 한 의인•의 교리를 주장하여 조직의 타파라는 본래의 목적을 달성했습니다.

• 義認. 오로지 진실한 믿음으로 회개해야만 죄를 용서받을 수 있다는 개념이다. 돈으로 면죄부를 사고팔던 당시의 가톨릭 세계에 종교적 위기를 느낀 독일의 성직자 마르틴 루터(Martin Luther, 1483~1546년)가 의인을 신학적 근거로 삼아 종교 개혁을 실시하였다.

지금,
석가의 가르침에서
무엇을 배울 것인가

과학자와 종교인은 양립할 수 있을까

P 그건 그렇고, 이 책의 초반부에서 우리는 과학과 불교의 요소를 일일이 비교해봐야 의미가 없다는 점에서 의견이 일치했습니다. 그런데 세상에는 불교의 세계관이 일찌감치 양자역학에 대해 알고 있었다는 식으로 생각하려는 사람도 분명 적지 않습니다. 이 같은 발상은 왜 생겨난다고 보십니까?

B 불교를 믿는 사람들이 과학을 담보로 종교적 권위를 세우려 하기 때문이겠지요. '불교는 과학마저 아우를 만큼 선견지명을 지닌 올바른 종교이니 그 종교를 믿는 나 역시 옳

다.' 이렇게 생각하고 싶다는 말입니다.

P 그럼 이 자리를 빌려 '석가가 양자역학을 알고 있었을 리 없는 이유'에 대해 설명해보도록 하겠습니다.
석가가 실존 인물이었다면 석가의 인식은 일상생활의 경험에 한정되어 있었겠죠. 자연계에는 계층마다 법칙이 존재하며, 일상의 법칙은 더욱 기본적인 미시세계의 법칙에서 도출됩니다. 반대로 거시적인 일상의 법칙에서는 양자역학 같은 미시세계의 법칙을 이끌어낼 수 없습니다.
왜냐하면 양자역학과는 전혀 다른 법칙이 미시세계를 지배할 가능성이 있기 때문입니다. 미시적 법칙은 양자역학을 따르지 않는데 거시적 법칙은 우리들의 일상적인 경험과 합치되는 세계도 이론적으로는 가능합니다. 따라서 아무리 예민한 감각의 소유자가 거시세계를 관찰하더라도, 설령 그가 석가였다 해도, 순수한 사고만으로 양자역학을 도출해내기란 원리상 불가능합니다.

B 그렇습니다. 제가 이전부터 과학자분들과 적극적으로 대담을 하는 이유는 그렇게 불교와 과학을 무턱대고 결부하는 일을 그만두길 바라기 때문입니다.

P 오히려 사사키 선생님께서는 과학이라는 담보 없이도 믿을

수 있다는 점이 불교의 본질이라고 생각하시죠. 저는 그 부분이 더 중요하다고 봅니다.

B 맞습니다. 불교는 과학과는 다른 세계관에서 성립되었다는 사실을 알아주었으면 하네요. 과학의 뒷받침이 없으면 성립되지 않는 종교여서야 안 될 노릇이니까요.(웃음)

P 여기서 신경 쓰이는 문제는 과학과 종교의 양립입니다. 사사키 선생님 같은 관점이라면 충분히 양립할 수도 있겠습니다만, 과학자 중에는 원리주의적인 종교인도 있습니다. 그들이 과학과 종교의 모순을 어떻게 해소하는지, 저로서는 도무지 이해가 되질 않네요.

B 진화론을 연구하는 인도인 유학생에게 "자네는 진화론과 코란, 둘 중 어느 것을 선택하겠는가?" 하고 묻자 입을 꾹 다물더라는 이야기를 지인에게 들은 적이 있습니다. 아마 종교와 과학의 양립을 위해 진화론의 일부만을 인정하고 있겠지요. 경건한 종교인이 과학을 받아들이기란 쉽지 않을 겁니다.

P 분야에 따라 다를 수도 있습니다. 예를 들어 어떤 특별한 종류의 화학물질을 연구한다면 종교의 가르침과는 모순되지 않는 일상을 보낼 수 있습니다. 하지만 그런 분야 역시 과학

의 체계를 이루는 일부이니, 깊이 파고들다 보면 원리주의적인 종교인도 모순과 직면하는 일이 있을 것 같습니다.

B 그런 이야기는 과학자들 사이에서도 금기인가요?

P 예의상 언급하지 않죠. 있는 그대로 믿어야지, 교리의 일부에 이의를 품으면 신앙 자체가 성립하지 않는다고 생각하는 사람도 있으니 그런 사람들의 신앙을 위협해서는 안 됩니다. 물론 먼저 터놓고 이야기를 꺼내는 과학자도 있지만 제가 먼저 화제로 삼지는 않으려 하고 있습니다. 무척 불편하게 여기는 사람도 있으니까요.

일신교의 도덕과 불교의 도덕

B 집사람과 이란으로 여행을 갔었는데, 많은 분들이 친절하게 대해주시더군요. 그러다 보니 긴장이 풀려서 무심결에 종교 이야기를 꺼내고 말았습니다. 불교에서는 어떤 신을 믿느냐고 묻기에 "신은 존재하지 않는다"라고 대답했더니 순식간에 상대방의 낯빛이 변하더군요. 정말 무서웠습니다.

P 미국에서도 무신론자atheist라 하면 일반적으로는 아나키스

트나 테러리스트처럼 받아들여지고는 하니, 일본인이 무심코 내뱉은 '신을 믿지 않는다'라는 발언에 미국인들은 큰 충격을 받습니다. 그러니 미국에서는 상원의원 같은 사람들도 설문조사에 '나는 무신론자다'라고 대답하지 않습니다. 그럴 때는 '불가지론자agnostic'라고 대답하는 편이 더 무난한 모양입니다. 신은 있을지도 모르고 없을지도 모른다는 관점이지요. 신은 존재하지 않는다고 단언하는 무신론자보다는 불가지론자가 더욱 쉽게 받아들여집니다.

B 진화론을 주장한 다윈도 죽을 때까지 그렇게 말했지요. 이란에서 저는 필사적으로 '석가는 신이 아니다'라는 말의 의미를 설명하려 했지만, 누구도 그 말을 들어주지 않았습니다. 신이 아니라고 말한 시점에 바로 아웃이었지요.

P 그 시점부터 적이라는 뜻이군요. 무신론자를 경원시하는 것은 신의 존재를 부정한다는 사실만으로 윤리관이 없는 사람처럼 받아들여지기 때문입니다. 일신교 사회에서는 신과 계약을 맺은 사람에게는 계약에 따른 도덕관이 생겨난다고 믿습니다. 그런 사람의 행동은 예측할 수 있지요. 반면에 신을 믿지 않는 사람의 도덕관은 어디에서 비롯되는지 알 수 없기 때문에 불안감을 느끼게 됩니다. 불교에는 그런 의미의 도덕이 있습니까?

B 불교만의 도덕은 있지만 신과의 계약은 아니므로 그렇게 복잡하지는 않습니다. 승가에는 조직 운영에 필요한 자잘한 규칙이 있지만, 일반 신자에게는 상식적인 행동 규범을 정해줄 뿐이지요. 살생하지 말 것, 거짓말하지 말 것, 남의 것을 훔치지 말 것, 바람을 피우지 말 것, 음주하지 말 것. 이 다섯 가지뿐입니다.

P 모세의 십계와 겹치는군요.(웃음)

B 게다가 이 다섯 가지는 신이 부여한 규율이 아니라 자신이 지켜야 할 마음가짐일 뿐입니다. 이 마음가짐이 번뇌를 없애기 위한 첫걸음이죠.

P 그렇다면 개인적 이익을 위해 도덕을 지키라는 말이군요. 번뇌를 빨리 없애고 싶다면 도덕을 지키는 편이 낫다고 말이죠.

B 그렇습니다. 그러니 이를 어기더라도 벌은 받지 않습니다. 그런 의미에서 보자면 기독교인들의 우려에 전혀 근거가 없다고 볼 수도 없겠군요.(웃음) 다만 한편으로는 '다른 이에게도 불교를 포교하라'는 신의 지시는 없으니 이교도를 향한 무의미한 폭력도 없습니다. 한마디로 온건한 종교죠. 아무튼 일신교의 계약적 규범은 불교에 없습니다.

P 신에게 부여받은 도덕을 철저하게 지켜야 한다는 태도와 다르다는 말이군요. 거의 무신론자에 가까운 일본인의 사회가 이렇게나 도덕적으로 기능한다는 사실이 종교적 색채가 짙은 미국인의 관점에서는 신기하게 느껴지는 모양입니다.

B 일본인에게 도덕은 지켜야 할 사회적인 통념일 뿐이니까요. 종교 없이도 도덕이 기능하는 이유는 폐쇄적인 사회이기 때문일 겁니다.

P 같은 편일 때는 도덕적으로 대응한다는 거군요. 그 성향이 반대로 나타나면 배외주의•가 되겠죠. 동료가 아닌 이들에게는 도덕이 적용되지 않는 거죠.

과학으로는 해결할 수 없는 죽음의 고통

B 그건 그렇고, 미국은 그렇다 쳐도 유럽에서는 엄격한 기독교 교인들이 많이 줄어들었죠.

P 상당히 유해졌습니다. 미국보다 유럽에 더 과학적이고 합

• 排外主義. 외국 사람이나 문화, 사상 따위를 배척하는 주의 혹은 정치 이념.

리적인 사고방식이 퍼져 있기 때문이지 않을까요. 미국은 애당초 종교적 이유로 이주한 사람들이 세운 나라이기 때문에 여전히 원리주의가 정치적으로 영향력을 띠고 있는 것 같더군요.

B 기독교나 이슬람교에 비하면 불교는 포교 능력이 낮습니다. 그러니 잘 확산되지 않죠. 조금 전에 말했듯 신앙을 만인에게 전파하라는 사명이 없기 때문입니다. 개인을 위한 종교이니 사명도 없습니다. 대승불교에는 사명이 있으므로 포교 능력이 강합니다만, 그렇다 해도 기독교나 이슬람교에는 비할 바가 못 됩니다.

P 불교의 목적은 자기 자신의 고통을 없애는 것이니 포교는 어디까지나 선의에 따른 행동이겠네요. 반면 이슬람교에서는 포교가 신이 부여한 사명이라고 합니다. 그 사명을 완수하면 천국에 가게 된다는 말이죠.

B 그 점이 불교와 다른 종교의 가장 큰 차이겠지요. 그리고 그 점에서 불교와 과학의 양립성을 찾을 수 있습니다. 불교는 고통에서 벗어나기 위한 개인적 세계지만 과학은 만인에게 공통된 법칙성을 제시하는 개방적인 세계이니 같은 사람에게 양립할 수 있다고 봅니다.

P 기독교나 이슬람교의 가르침은 과학이 다루는 범위와 겹치는 부분이 있으므로 원리주의적인 사람들에게는 충돌이 벌어지기도 하죠.

B 불교에서는 무엇보다도 먼저 '노, 병, 사'라는 고통에서 벗어나는 일이 시급한 과제이므로 그 과제를 해결하는 데 필요한 세계관은 과학적 세계관과는 성립 방식이 반대입니다. 과학적 세계관이 옳더라도 불교에서는 그 세계관을 필요로 하지 않습니다.

P 과학의 진보에 따라 병의 치료법이 개발되고 수명이 연장될 수 있으며 생활의 질이 개선되기도 합니다. 하지만 죽음에서 벗어날 방법은 없죠. 죽음은 과학으로 해결할 수 없는 문제입니다.

B 그렇습니다. 현 단계에서 과학은 죽음이란 고통에는 손쓸 도리가 없습니다. 죽음은 빈곤이나 인간관계의 불화와 같은 일상의 고통과는 비교할 수 없을 만큼 심각한 문제입니다. 생활고에는 희망이 있지요. 인생 역전이라는 희망 말입니다.

P 죽음만큼은 전혀 희망이 없습니다. 피할 방도가 없죠.

P 저는 사후세계의 존재는 거의 부정되었다고 봅니다. 의식이 생겨나는 원리는 아직 해명되지 않았지만 자연법칙이 지배하는 뇌의 작용에 따른다는 사실은 분명하겠죠. 그리고 이미 확립된 자연법칙을 인정한다면, 단언컨대 한 인간이 죽으면 뇌에 축적된 정보가 없어집니다. 사사키 선생님께서는 어떻게 생각하십니까?

B 앞서도 말씀드렸듯이 저는 윤회라는 현상은 믿지 않습니다. 이 세상에는 천상도, 인간도, 축생도, 아귀도, 지옥도라는 5종류 혹은 수라도를 합친 6종류의 생명계가 있으며, 다양한 생명체는 그 세계에서 죽음과 삶을 영원히 반복한다는 사상이 윤회입니다. 윤회를 믿는다는 것은 예를 들면 '지면을 계속 파고 내려가다 보면 지하 깊은 곳에 있는 지옥에 도달하게 된다'라는 말을 사실로 인정하는 셈이 됩니다. 그런 세계관을 현대에 신봉할 수는 없겠지요.

P 그럼 윤회라는 특정 세계관이 아니라 조금 더 넓은 의미에서 이야기해볼까요? 사사키 선생님은 죽은 뒤로도 자신이라는 존재가 어떠한 형태로든 이어진다고 믿으십니까?

B 믿지 않습니다. 석가의 가르침에 따르면 우리들의 존재는 단순한 구성 요소의 느슨한 집합체에 불과하며, 그 집합체가 삶과 죽음을 반복하며 모이고 흩어지는 현상이 윤회이기 때문입니다. 그 현상에 '나'라는 불변의 실체는 없습니다. 이를 불교에서는 '제법무아'라고 하지요. 만약 업의 에너지가 없다면 죽음을 통해 발산된 '나'는 두 번 다시 재구성되지 않을 테지만, 업이 작용하면 또 다른 모습으로 '자신'이 형성되고 마니 윤회가 반복된다고 말합니다. '우리들은 구성 요소의 집합체에 불과하다'라는 사고방식은 석가가 생각해낸 독자적인 관점이며, 저는 그 사고방식을 믿습니다.

조금 전에 말씀드렸듯이 저는 윤회라는 현상을 믿지 않으니 그러면 결과적으로 저라는 존재는 '재구성될 가능성이 없는, 구성 요소의 느슨한 집합체'라는 말이 되겠지요. 이는 다시 말해 제게 사후세계는 존재하지 않음을 의미합니다.

P 그 말씀은 조금 전에 제가 언급한 '뇌에 축적된 정보가 죽은 뒤로도 보존될 이유가 없다'라는 말과 일맥상통하는군요. 다만 과학에서는 원리적으로 관측되지 않는 것에 대해 언급할 수 없습니다. 사후세계가 없다면 그를 관측하는 주체 또한 없는 셈이니 사후세계의 존재 유무를 순수하게 과학적 문제로 논하기란 어렵다고 봅니다.

B 여기서 짚고 넘어갈 점은, 저 자신이 사후세계를 믿지 않는다 하여 사후세계의 존재를 주장하는 사람들의 관점을 부정할 생각은 전혀 없다는 사실입니다. 오구리 선생님께서도 말씀하셨듯이 '사후세계의 유무'라는 문제 자체가 과학과는 무관한 종교적 질문이므로 대답이 꼭 과학적 사실이어야 할 이유는 없습니다. 사후세계가 있다고 믿는 사람에게는 있고, 없다고 믿는 사람에게는 없는, 그런 관점에서 대답해야 할 문제라고 봅니다.

그러니 저 자신은 사후세계가 없다고 확신합니다만, 그 확신이 다른 사람에게까지 적용돼야 한다고는 생각지 않습니다. 제가 종교계에 몸담고 있으면서도 이렇듯 유연한, 요즘 방식으로 말하자면 '프리한' 세계관을 관철할 수 있는 이유도 불교인이기 때문이라고 생각합니다.

P 일신교에서는 신이 인간에게 살아갈 목적을 부여합니다. 따라서 인간은 '신에게 역할을 부여받았기 때문에 삶에는 의미가 있다'라고 생각하게 되죠. 불교는 어떤가요. 처음부터 인간에게는 살아갈 의미가 부여된다고 말합니까?

B 아닙니다.

P 그 부분도 큰 차이가 아닐까요. 기독교는 삶의 의미를 부여하여 인간을 구제한다고 생각하는데, 불교는 그렇지 않죠.

B 그렇습니다. 그러니 '삶에는 의미가 있다'라고 말하는 종교가 큰 힘을 지니게 되면 불교로서는 그 말에 맞설 수 없습니다. 하지만 '삶에는 의미가 없다'라는 생각이 널리 퍼지기 시작하면 반대로 기독교나 이슬람교의 이용 가치가 사라지고 말지요. 반면 불교는 원래 의미가 없는 자신의 인생에 자력으로 의미를 부여하라고 말하는 종교이니 힘을 얻게 됩니다.

고통을 지닌 이가 찾아오기만을 기다린다

P 불교는 의미 없는 인생을 어떻게 하면 잘 살아갈 수 있다고 알려주나요?

B 불교적으로 수행하는 삶에 가장 큰 의미가 있다고 가르칩니다. 수행을 쌓으면 최종적으로는 두 번 다시 환생하지 않기 때문이지요.

P 윤회를 전제로 한 고대의 사고방식이군요. 윤회를 전제하지

않는 현대의 불교에서는 무엇을 목표로 삼으면 좋을까요?

B 수행을 통해 나날이 향상되어간다는 느낌과 그에 따른 기쁨이겠지요.

P 그건 개인적 목표인가요?

B 그렇습니다. 석가는 결코 '모두가 똑같이 이러이러한 의미를 품고 살라'고 말하지 않습니다. 가르침의 내용은 일상생활의 구체적 방법을 알려줄 뿐입니다. 그 설명대로 실천하면 자신이 향상되리라는 확신을 얻게 됩니다.

P 향상이란 나쁜 상태에서 좋은 상태로 옮겨 간다는 뜻이라고 생각합니다만, 좋고 나쁨의 기준은 어떻게 정해질까요?

B 자신의 마음에서 번뇌가 사라졌다면 향상된 것이겠지요. 다만 번뇌는 개개인의 마음속에 자리 잡고 있으니 번뇌가 사라지는 과정은 저마다 다릅니다.

P 그렇군요. 번뇌의 해소가 목적이며, 목적 달성을 위한 노력에 의미가 있다는 뜻이군요. 실례되는 말일지도 모르겠습니다만 소극적이라는 느낌이 듭니다. 인생에 적극적으로

의미를 부여하는 대신 고통의 제거를 목적으로 삼고 있으니 말입니다.

B 정확하게 짚으셨습니다. 불교는 대단히 소극적인 종교입니다. 말하자면 병원이나 마찬가지지요. 세상 밖으로 나가 뭔가를 호소하는 일 없이, 그저 마음에 고통을 지닌 사람들이 찾아오기를 기다릴 뿐입니다. 불교는 원칙적으로 고통스럽지 않은 사람에게는 어떠한 작용도 하지 않습니다.

P 그렇다면 세상에는 '내 인생에는 무슨 의미가 있을까'라든지 '무슨 목적으로 살아가면 좋을까' 하고 고민하는 사람도 있는데, 그런 사람에게는 해답을 내주지 않겠네요?

B 속세에서의 행복을 염두에 두고 있는 한, 그 고민에는 아무런 해답도 내주지 않습니다. 그러한 삶의 가치는 속세를 살아가며 본인이 직접 찾아내야지요. 불교는 모든 보람을 잃고 절망만이 남았을 때 비로소 '살아갈 길을 잃었다면 불교를 찾으세요' 하고 말을 건네는 셈입니다. 그래서 불교는 포교 능력이 떨어지지요.
그것도 나름대로 괜찮지 않을까요. 참고로 석가는 깨달음을 얻었을 때, 그 기쁨을 마음속에 간직한 채 조용히 일생을 보낼 생각이었던 모양입니다. 그런데 그 자리에 신이 나타나서 "고통을 겪는 사람에게 가르침을 전하십시오" 하고 간청하기에 마지못해 만들어낸 종교가 불교지요.(웃음)

P 처음부터 소극적이었다는 말이군요.

B 그렇게 보자면 무척이나 이상한 종교라고 생각됩니다. 하지만 그렇기 때문에 존재 의의가 있지요. 병원 역시 건강한 사람에게 전혀 도움이 안 되는 건 아니잖습니까. 병원이 있다는 사실 자체에 가치가 있습니다. '지금은 건강하지만 몸이 나빠지면 병원에 가면 되겠다'라는 안도감을 주니까요.

석가가 남긴 '번뇌를 없애는 설명서'

P 사사키 선생님 본인은 번뇌를 없애기 위해 구체적으로 어떤 훈련을 하십니까?

B 저는 선종•의 승려가 아니니 그들처럼 수행하지는 않습니다. 불교에 대한 끈질긴 고찰을 훈련이라고 생각합니다.

• 禪宗. 참선을 통해 깨달음을 얻는 것을 중요시하는 불교의 종파.

P 불교 연구도 훈련의 일환이라는 말씀이군요.

B 저는 그렇게 생각합니다. 태국이나 스리랑카에서 수행하는 승려들의 이야기를 들어보면, 자신의 정신이 어떻게 작용하는지를 객관적으로 바라보는 훈련을 한다고 합니다. '지금 나는 이것을 보고 있다.' '지금 나는 다소 좋지 않은 생각을 했다.' 이렇게 항상 자신을 객관적으로 바라보는 훈련을 거듭하면 점차 시간이 천천히 흐르는 듯한 느낌을 받게 되고, 일어나서는 안 될 심리적 작용도 일어나지 않게 된다고 하더군요.

P 사사키 선생님도 번뇌의 소멸을 실제로 느끼신 적이 있습니까?

B 글쎄요. 가만히 있을 때보다는 뭐라도 훈련을 할 때 내면의 향상을 느끼기는 합니다. 마음을 평온하게 유지하는 힘이나 선입관에서 벗어나는 힘이 생기지요. 불교가 아니면 불가능한 일이라고 생각합니다.

P 왜 불교라면 가능하다고 생각하시나요?

B 석가가 그렇게 하라고 가르쳤기 때문입니다. 그러니 가능

하다고 생각하지요.

P 석가의 말로 보장을 받았다는 뜻이군요.

B 그렇습니다. 바로 이 점이 불교를 종교로 만드는 유일한 포인트죠. 석가의 가르침을 따르면 자신이 변할 수 있다는 믿음. 이건 설명할 도리가 없습니다.

P 받아들일 수밖에 없다는 말이군요.

B 네. 불교에서는 증오나 분노와 같은 번뇌가 극단적인 심리 작용을 낳고, 그 작용에서 윤회의 원동력인 업이 생겨난다고 봅니다. 우리들의 세계관에서는 업과 윤회라는 개념이 받아들여지지 않지만 번뇌만큼은 실제로 느껴보았기 때문에 존재한다고 생각하지요. 그리고 석가는 번뇌의 해소에 대해 꼼꼼한 설명서를 남겼습니다. 저는 그 설명서가 제게 도움이 된다고 믿습니다.

P 윤회는 존재하지 않지만 모든 번뇌가 사라지면 깨달음을 얻었다고 볼 수 있다는 말인가요?

B 그렇지요. 다만 모든 번뇌가 사라졌는지는 자각할 수밖에

없습니다. 다른 사람이 인정해주지는 못하니까요.

P 그런 점에서도 정말로 개인적인 종교군요. 번뇌란 마음이 동요하는 상태를 뜻하는 말인가요?

B 그렇게 볼 수도 있습니다만, 정확히 말하자면 최종적으로 자신의 내면에 고통을 낳는 작용을 뜻합니다. 예를 들자면 편견, 선입관, 그릇된 가치관 등이 전형적인 번뇌겠지요. 그러한 번뇌가 현실과 이상 사이에서 괴리감을 낳기 때문에 고통으로 이어집니다.

'뜻한 바와 다르다'라는 생각은 고통을 낳습니다. 처음부터 세상을 바르게 보고 있었다면 이상과 현실은 다르지 않을 테니 고통은 생겨나지 않습니다. '일체개고', '제행무상'이라는 말 또한 세상은 마음먹은 대로 흘러가지 않으며, 이상과 현실 사이에서 필히 생겨나는 괴리감에서 고통이 태어남을 표현한 말입니다.

세상을 바르게 보고자 노력해야 하는 이유

B 여기서 오해해서는 안 될 사항은 어떠한 정신적 작용이든 고통을 낳지 않는다면 없애지 않아도 된다는 점입니다. 사

람은 마음속으로 이런저런 생각을 하는데, 그 생각들 모두가 고통으로 이어지지는 않습니다. '욕구'라는 작용만 하더라도 그렇습니다. '석가의 가르침에 따라 자신을 향상시키고 싶다'라는 욕구가 고통의 원인은 아니니까요.

P 고통으로 거듭났을 때 비로소 욕구가 번뇌로 바뀐다는 말이군요. 확실히 욕구는 우리들이 활동하는 데 동기를 부여하니 좋은 방향으로 작용할 때도 있지만, 좋지 않은 방향으로 작용하기도 합니다. 욕구 자체가 나쁘다고 할 수는 없겠군요.

B 네. 다양한 정신적 작용 또한 그 사람에게 고통으로 다가오지 않는다면 전혀 문제 될 일이 아닙니다. 불교는 어디까지나 고통을 없애기 위한 종교니까요.

P 세계를 올바르게 보고자 하는 이유도 고통의 근원을 이해하기 위해서군요.

B 그렇습니다. 그리고 불교에서 말하는 바르지 못한 관점이란 자기중심적 세계관입니다. 세계는 기계론•석으로 고요

● 機械論. 세계의 모든 과정이 필연적이고도 자연적인 인과법칙에 따라 생긴다고 여겨 모든 현상을 기계적 운동으로 환원하여 설명하려는 입장을 말한다. 모든 현상에는 목적이 정해져 있다는 목적론과 대립하는 관점이다.

하게 움직이고 있으므로 세상이 '나'를 위주로 돌아간다는 착각에 빠지면 반드시 현실과 이상 사이에 괴리감이 나타나기 마련입니다. 그래서 고통이 생겨나지요.
그리고 이러한 자기중심적 관점에서도 특히 위세가 강한 것은 자신의 삶이 언제까지고 계속되리라는 착각입니다. 우리들은 무심결에 오늘, 내일, 내일모레도 여느 때와 다름없는 삶이 이어지리라 여기곤 합니다. 하지만 그 생각이 현실에서 부정되면 커다란 고뇌를 짊어지게 되지요. 그 현실이 바로 '죽음'이라는 고통입니다. 만물을 바라보는 이러한 불교적 관점은 과학이 자연계를 바라보는 객관적인 관점과 동일하지는 않지만 '바르게 본다'라는 방향성은 같다고 생각합니다.

신이 그린 설계도를 이해하는 작업

P 근대과학은 유대교나 기독교의 영향을 받은 학문이므로 일신교의 관점이 반영된 면이 있다고 봅니다. 예를 들어 자연계를 지배하는 기본 원칙이 있으리라는 발상은 마치 신을 추상화한 느낌이지요.

B 근대과학이 시작된 당시의 과학자들은 다들 그런 생각이었

겠지요.

P 중세 유럽 사회에서는 기독교에 반하는 사고방식이 널리 퍼지게 된다는 이유로 과학적 연구를 장려하지 않았습니다. 그렇지만 스콜라 철학•, 특히 토마스 아퀴나스••가 활동하던 13세기에 접어들자 자연계를 이해하면 신으로부터 올바른 메시지를 받게 된다는 사고방식이 생겨나기 시작했지요. 이러한 사고방식에서 비로소 자연을 과학적으로 이해하자는 관점이 받아들여지게 되었습니다.

B 갈릴레이와 뉴턴의 마음속에도 신이 있었으니까요.

P 신이 그린 설계도를 더욱 깊게 이해하기 위해 과학을 연구했죠.

B 그런데 오구리 선생님께서도 말씀하셨듯이 현대는 초일류 물리학자가 "우주를 알아감에 따라 우주가 얼마나 무의미한지 깨닫게 된다"라고 말하는 시대입니다. 그러나 불교에는 처음부터 그런 존재가 전혀 포함되어 있지 않지요.

• Scholasticism. 기독교의 교리를 체계적으로 정리하고 이론적 근거를 통해 입증하고자 한 철학.
•• Thomas Aquinas(1225?~1274년). 이탈리아의 신학자이자 철학자. 신의 존재를 논리적으로 증명하려 했으며, 신이야말로 인간 세상을 다스리는 최고의 권력자라는 정치철학을 주장했다.

인생의 의미는 어디에 있을까

종교는 반드시 비과학적인가

P 불교는 개인을 구제하기 위해, 과학은 자연계의 진리를 밝혀내기 위해 저마다 세계를 바르게 보고자 했습니다. 한편으로는 이미 확립된 자연계의 법칙에 위배되는 초자연적 현상 등을 믿는 사람도 있겠죠. 그 자체는 본인에게 해가 되지 않으며, 오히려 그로 인해 행복을 얻는다면 부정할 이유가 없다고 여기는 사람도 있습니다.
하지만 비과학적 사고방식이나 행동이 사회에 해를 끼치기도 합니다. 예를 들어 미국에서는 자녀의 예방접종을 거부하는 보호자 때문에 문제가 벌어지고 있지요.

B 왜 예방접종을 거부하나요?

P 10여 년 전에 예방접종이 자폐증에 걸릴 위험성을 높인다는 논문 하나가 발표되었습니다. 그러나 논문 발표자가 데이터를 날조했다는 사실이 드러났기 때문에 논문을 게재한 잡지는 논문을 취소했습니다. 또한 자폐증에 걸릴 위험성이 있다는 주장 자체도 추가로 진행된 실험에서 재현되지 못하고 부정되었지요. 그렇지만 여전히 그 논문을 근거로 예방접종을 거부하는 사람들이 있습니다. 문제는 예방접종이 그 아이만의 문제가 아니라는 겁니다. 예방접종을 하지 않은 아이들이 일정 수준까지 늘어나면 전염병이 창궐하게 되니까요.

B 그렇군요. 그와는 비교조차 어려운 수준일지도 모르겠습니다만, 예를 들자면 혈액형 성격설도 사회에 해를 끼치지요. 과학적 근거 없이 성격을 규정하는 일은 차별의 온상이 되니까요.

P 일본 같은 민주주의 국가에서는 국민의 과학적 리터러시• 가 특히 중요합니다. 현대 사회에서는 범지구적 기후 변동

• literacy. 본래는 문자화된 기록물을 통해 지식 · 정보 등을 얻고 이해하는 능력을 의미했지만, 지금은 사회의 변화에 적응하고 대처하는 능력으로 그 의미가 확장되었다.

문제처럼 의사를 결정하는 데 과학적 판단이 요구될 때가 적지 않습니다. 과학적 리터러시를 지닌 국민이 배양되지 못한 국가는 나라 전체가 그릇된 판단을 내릴 우려가 있는 셈이죠. 따라서 초자연적 현상 자체에는 아무런 잘못이 없지만 비과학적 현상을 믿는 사람이 많은 사회는 문제가 있다고 봅니다.

B 정말 그렇겠군요. 불교는 매사를 과학적으로 바라보라는 목소리에 간접적으로나마 일조했다고 생각합니다. 자기중심적 세계관에 경종을 울리고 있으니 말이지요. 무엇보다 종교가 그런 주장을 한다는 사실에 가치가 있지 않을까요. 일반적으로 종교는 비과학적 세계관의 대명사처럼 여겨지는 면이 있습니다. 하지만 종교가 반드시 과학과 상반되는 것은 아니지요.

다만 불교는 사회적으로 힘이 약한 종교이기에 가치가 있다고도 할 수 있습니다. 지금은 '사회적 활동이 없으면 불교는 가치가 없다'라고 주장하는 '참여불교Engaged Buddhism'의 활동도 왕성합니다만, 그래서는 불교 본연의 형태를 잃고 해를 끼치게 될 가능성이 높지요. 예를 들어 태국의 승려 단체는 금연운동을 열심히 펼치고 있습니다. 그 단체에서는 "흡연자는 윤회하여 담배로 다시 태어난다"라든지 "엉덩이에 불이 붙어 타들어가게 된다"라는 얼토당토않은 말을 태연하게 늘어놓고 있습니다. 그 말을 듣고 정말로 담배를 끊는 신자도 있겠지만 저로서는 사회와의 결탁이 도리어 불합리한 사고방식을 사방에 퍼뜨리는 결과를 낳았다고 볼 수밖에 없습니다.

물질적 풍요가 행복은 아니다

P 지금의 일본 사회에서는 경제 성장을 우선시하는 풍조에 대한 회의적 견해도 나타나기 시작했다고 들었습니다. 물질적 풍요보다는 정신적 풍요를 중시하는 사람이 늘기 시작한 것이지요. 그렇지만 이는 제2차 세계대전 직후의 빈곤했던 시대에 비해 생활고에 허덕이는 사람이 줄어들었기 때문이라고 봅니다.

B 저 역시 그렇게 생각합니다.

P 석가도 왕족 출신이었으니 생활에 어려움은 없었겠지요. 그렇기 때문에 경제적 고통이 아닌 노, 병, 사에 눈을 돌렸고요.

B 그렇습니다. 그러니 불교도의 관점에서 볼 때 생활고를 겪

는 사람은 비교적 행복한 편이지요. 단숨에 역전할 희망을 지닌 채 살아가는 셈이니까요. 그러나 조금 전에도 언급했듯이 죽음이라는 고통 앞에는 희망이 없습니다. 죽음 앞에서는 아무리 풍족한 생활이라도 의미를 잃고 퇴색됩니다.

P 그런 의미에서 '물질적 풍요로는 행복해질 수 없다'라는 세계관은 석가의 사고방식과 가깝다고 봐야 할까요?

B 석가와 같은 뜻을 지닌 사람이 늘어나고 있는지도 모르겠군요.

P 하지만 그런 세계관은 최소한의 삶이 보장된 환경을 전제로 하고 있으니 더 이상 경제적 번영이 필요치 않다는 뜻은 아닙니다. 일본, 미국, 유럽 모두 빈부 격차의 확대가 문제시되고 있는데, 경제가 쇠퇴하면 심각한 생활고에 빠지는 사람이 더욱 늘어날 우려가 있지요.

경제 성장도 과학 발전도 결국 에너지 문제

P 저는 경제 성장의 열쇠는 근본적으로 모두 에너지 문제가 쥐고 있다 생각합니다. 인간의 사회 활동은 기본적으로 뭔

가를 만들고, 정보를 축적하고 전달하여 질서를 만들어가는 일입니다. 상품, 미술, 음악, 건축물 등 인간은 자연계에 없는 것을 계속해서 만들어냈죠. 얼핏 보면 열역학의 제2법칙과 정면으로 모순됩니다.

B 엔트로피• 증가의 법칙이군요.

P 네. 쉽게 말하자면 '엎지른 물은 되돌릴 수 없다'라는 법칙입니다. 유리잔을 바닥에 떨어뜨리면 산산조각이 나는데, 산산이 흩어진 유리 조각이 본래의 형태인 컵으로 돌아가는 일은 없습니다. 컵이라는 질서 있는 형태는 엔트로피가 낮고, 산산조각 난 상태는 엔트로피가 높은 셈이죠. 자연계는 내버려두면 엔트로피가 증가하게 되므로 질서는 언젠가 깨지게 됩니다. 그야말로 '제행무상'이 자연계의 섭리인 셈이지요.

그런데 인간은 연이어 자연계에 새로운 질서를 낳았습니다. 애당초 단세포였던 생명체가 복잡한 다세포 구조를 지

• entropy. 자연계의 무질서도를 뜻하는 용어. 예를 들어 모두 앞면으로 놓인 동전 100개는 매우 질서 정연한 상태이므로 엔트로피가 낮다고 할 수 있다. 하지만 동전을 자루에 넣고 섞어서 바닥에 뿌려놓으면 앞뒤가 뒤섞인 상태가 되는데, 이때의 동전은 엔트로피가 매우 높은 상태다. 자루를 쏟았을 때 동전 100개가 모두 같은 면일 확률은 한없이 낮으므로 자연계의 엔트로피는 확률적으로 언제나 낮은 방향에서 높은 방향으로 변화하려는 속성을 지닌다고 할 수 있다.

니게 된 일 자체가 엔트로피 증가의 법칙에 위배되는 듯 보입니다. 이 모두는 그야말로 해님 덕분입니다. 태양이 발산하는 에너지가 없었다면 불가능했을 일이니까요. 지구는 태양으로부터 에너지를 받고 최종적으로 그 에너지를 우주에 퍼뜨려 엔트로피를 증가시키므로 인간이 적게나마 엔트로피를 낮춘다 해도 섭리에 어긋나지 않습니다. 엔트로피의 증가를 통해 지구상에 문명이 탄생한 셈이니 문명이 얼마나 지속되며 발전할지는 기본적으로 에너지에 달려 있습니다.

인간의 생활을 크게 향상시킨 산업혁명을 예로 들어보겠습니다. 증기기관은 산업혁명의 단초를 제공했습니다. 그리고 증기기관의 원동력인 석탄은 원래 식물이 오래전에 받은 태양 에너지를 가둬놓은 것이죠. 에너지가 석탄에 갇혀 있는 동안에는 엔트로피가 우주로 나오지 않습니다. 인간이 석탄을 채굴해 태움으로써 우주 전체의 엔트로피가 증가한다는 말입니다. 문명사회는 증가하는 엔트로피의 일부를 먹으며 성립됩니다. 그런 문명사회를 유지하려면 엔트로피를 먹기 위한 에너지가 필요합니다. 그렇기 때문에 근대에 벌어진 전쟁은 석유 등의 에너지 자원을 둘러싼 다툼이 대부분이지요.

B 과학 기술의 진보에 가장 중요한 주제는 에너지를 끌어내

기 위한 방안이겠군요.

P 궁극적으로는 그렇습니다. 다른 과학 기술은 지엽적인 문제일 뿐, 근간은 에너지 문제입니다. 가장 정공법적인 해결책은 태양에서 얻은 에너지를 효과적으로 사용하는 방법이겠지요. 식물은 수십억 년에 걸친 진화 속에서 광합성이라는 효율적인 방식을 몸에 익혔습니다.

B 그 식물의 에너지가 농축된 화석연료를 파내서 태우는 방식은 무척이나 비효율적입니다.

P 수십억 년에 걸쳐 지구로 쏟아진 에너지를 단번에 소비하는 셈이니까요. 아무튼 열역학의 제2법칙은 자연계의 기본 법칙이니 그 법칙에 정면으로 맞서는 인류 문명을 유지하려면 태양 에너지를 효율적으로 이용해야 합니다. 그러지 못한다면 언젠가는 중세나 근대 무렵의 경제 규모로 돌아갈 수밖에 없습니다. 이를테면 에도시대의 일본처럼 말입니다.

B 그래서 모두가 만족한다면 전혀 문제가 되지 않겠습니다만 그럴 리 없겠지요.

스스로 목적을 만들어가는 인생

P 인생의 의미는 무엇인가, 행복이란 무엇인가. 이 질문에 보편적인 대답은 아마 없을 겁니다. 하지만 인류가 만들어낸 문명을 저는 존엄하다고 생각합니다. 물론 약 50억 년 후엔 거대해진 태양이 지구를 삼키고 말 테니 이 문명이 영원토록 이어질 일은 없겠죠. 우주의 장대한 역사 속에서 인류의 존재는 순간의 일에 불과합니다. 그렇지만 태양 에너지를 그대로 우주 공간에 방출하는 대신, 설령 짧은 시간이라 해도 그 에너지를 모아 이전까지 자연계에 존재하지 않았던 무언가를 만들어내는 일은 의미가 있다고 생각합니다. 그러니 우리들의 문명을 유지하고 발전시키기 위한 일은 가치가 있으며, 그 자체가 하나의 행복이라고 볼 수 있지 않을까요.

우주 자체에 의미가 없다면 삶의 목적은 애당초 주어져 있지 않은 셈입니다. 목적이나 행복은 직접 찾아낼 수밖에 없습니다. 아니면 목적 없는 인생을 견디며 살아가야겠지요.

B 견디며 살아가기는 힘겨우니 스스로 목적을 만들어가는 인생이 행복하겠지요.

P 불교는 다른 종교와 다르게 살아갈 의미를 부여하지 않으

니 만인에게 공통된 보편적인 삶의 목적은 없겠군요.

B 저는 오히려 그게 불교의 장점이라고 봅니다. 보편적인 행복이란 모두가 당연하게 여기는 평범한 행복이지요. 그보다는 자신만의 행복을 직접 찾아내는 편이 더 중요하지 않을까요.

저 자신에게는 역시 석가의 인생이 하나의 목표이자 귀감입니다. 석가는 자기 스스로 살아갈 방식을 결정하고 가장 좋아하는 길을 선택하여 매진하는 사이에 불교라는 새로운 세계적인 문화를 만들어냈습니다. 결코 이익이나 명성을 위해 행한 일이 아닌데도 말입니다. 좋아하는 일을 한 결과, 그 일이 인류에게 의미 있는 일이라는 사실을 깨달았습니다. 이토록 멋진 인생이 또 있을까요.

살아갈 의미를 스스로 발견하는 기쁨과 어려움

P 저는 이 세계를 더욱 자세히, 더욱 바르게 알고 싶다는 이유로 소립자물리학이라는 연구 분야를 선택했습니다. 그 연구를 통해 새로운 발견을 해내는 순간에는 아름다운 회화나 음악을 감상하거나 맛있는 음식을 먹을 때와는 질적으로 다른 기쁨을 느끼게 됩니다. 자신의 힘으로 지금까지 인

류가 몰랐던 무언가를 찾아냈다는 사실에 심오한 가치를 느낀다는 말이죠. 물론 우주 자체에 의미가 없으므로 연구를 통해 얻게 된 것에도 궁극적인 의미는 없을지도 모릅니다. 하지만 제게 그 기쁨의 깊이는 행복이나 마찬가지입니다.

자신의 힘으로 뭔가를 완수하는 기쁨은 과학 연구에만 국한되지 않습니다. 이를테면 아름다운 음악을 들을 때도 즐겁지만, 악기를 연주하거나 나아가서는 작곡을 하면 더욱 큰 기쁨을 얻을 수 있습니다. 주어진 것을 향유하는 데 그치는 대신, 자신의 힘으로 세계에 영향을 미치고, 뭔가를 찾아내거나 만들어내는 일은 가치가 있다고 봅니다.

그러나 살아갈 의미를 스스로의 힘으로 찾아내는 일은 험난한 길이기도 하겠죠.

B 종교의 본질은 근본적인 고통을 덜어주는 세계관을 제공하는 데 있습니다. 그러니 죽음을 거부하는 인간의 본능적 고뇌에 대처하기 위해 "육체는 죽어도 영혼은 죽지 않는다", "죽지 않는 영혼에게는 영원한 안식이 보장되어 있다"라고 말하는 기독교나 이슬람교가 안식의 터전으로 자리 잡은 것은 당연한 일입니다. 이들 종교가 말하는 세계관을 아무런 의심 없이 받아들일 수 있는 사람에게 그 세계관은 세상에 둘도 없는 구원으로 다가옵니다. 죽은 뒤에 더없이 큰 행

복이 기다리고 있다는 말이니 그보다 더한 기쁨은 없겠지요. 만약 제가 이들 종교가 나타난 시대에 태어났다면 앞뒤 가리지 않고 그 세계에 투신했을 겁니다.

하지만 문제가 있습니다. 현재 우리들은 과학적 세계관 속에서 살고 있기 때문에 사후의 안식처를 보장하는 사생관(死生觀)을 믿지 못한다는 점이지요. 따라서 절대자나 구원자의 존재를 믿지 않는 사람에게 '아무도 살아갈 의미를 부여해주지 않는 세상에서 절망하지 않고 살아가려면 자력으로 삶에서 의미를 찾아야 한다'라는 석가의 가르침은 비로소 의미를 지니게 됩니다.

그렇기 때문에 '자력으로 삶에서 의미를 찾아내라니, 내겐 너무 어려운 방법이다. 나는 주변의 누군가가 알려주는 구원의 길을 믿고 따라가야겠다'라고 생각하는 사람에게 석가의 불교는 아무런 영향도 미치지 못합니다. 실제로 그런 생각으로 석가의 불교에서 이탈을 꾀한 종교가 바로 대승불교지요. 그렇게 생각하는 사람들에게 우리들의 가르침이 더 진실하니 돌아오라고 설득할 만한 힘이 석가의 불교에는 없습니다. 석가는 '이해할 수 있는 사람만 이해하는 가르침이니 이해할 줄 아는 사람만을 위해 피뜨리자'라는 생각으로 불교를 창시했으니까요.

흥미 위주의 분위기에 맞서려면

P 최근에는 '옳지 않더라도 흥미롭고 이해하기 쉬우면 그만'이라는 풍조가 있는데, 여기에 대해서는 어떻게 생각하십니까?

B 그런 점에 대해서도 석가의 불교는 억지로 교정하여 전향하도록 하지 않습니다. 설령 자신의 뜻과 부합하지 않는다 해도 고통을 없애려면 세상을 바르게 바라보아야 한다는 확신을 지닌 사람에게만 불교는 의미가 있기 때문이죠. 그러니 그대로 내버려둘 수밖에 없습니다.

다만 타인을 향한 절대적 신앙을 안식처로 여기는 삶이나 흥미만을 중시하는 삶은 만물의 올바른 모습, 다시 말해 현실의 참된 모습에 특정한 가림막을 씌우고 현실과는 어긋난 시점으로 만물을 바라보는 삶과 같습니다. 여기서 말하는 현실의 참된 모습이란 조금 전에 오구리 선생님께서 말씀하셨듯이 인류가 오랜 시간에 걸쳐 도달한, 의식의 기능을 최대한으로 발휘함으로써 얻게 되는 세계관, 즉 과학적 세계관에 뿌리를 둔 세상의 참된 모습입니다. 이는 석가가 상정한 세계와도 일치하지요.

그 세계관을 받아들이는 대신 가림막으로 편향된 시점을 토대로 내린 판단은 현실 본연의 모습과 상충되는 그릇된 판단일 가능성이 높아집니다. 특정한 권위자를 맹목적으로 추종하던 교단 사람들이 결국 고뇌의 바다에 빠지게 되거나, 재미와 편의만을 기준으로 삼은 행동 때문에 훗날 재난을 초래하게 될 확률이 높아진다는 말이지요.

P 최근 들어 서구 및 각국의 정치계에서 볼 수 있는 포퓰리즘• 역시 그런 풍조를 반영한 듯합니다.

B 더욱 옳은 판단을 내리고, 더욱 나은 상태를 실현하기 위한 필수 조건은 '만물을 올바르게 이해하는' 자세이며, 바로 그 자세야말로 과학과 석가의 불교가 지닌 공통점이니 이 점에 대해서는 널리 알릴 필요가 있겠지요. 억지로 끌어들일 필요는 없지만, '우리들의 관점은 지극히 보편적이고도 객관적이며 가장 믿음직한 판단의 근거가 됩니다'라고 꾸준히 주장하는 일은 큰 의미가 있다고 봅니다.

행복은 어디에 있는가

P '만물에 대한 깊고 바른 이해'의 중요성에 대해 제 생각을

•populism. 정치적 목적을 달성하기 위해 국가와 사회 발전이라는 장기적 목표와는 무관하게 국민의 뜻에 따른다는 명분으로 선심성 공약 등을 통해 지지를 이끌어내는 경향을 뜻한다.

말씀드리겠습니다.

기초로 돌아가 생각하는 것이 물리학자의 방식이니 우선 만물을 이해하는 주체인 의식이란 과연 무엇인지 다시 한 번 생각해보겠습니다.

조금 전에 의식의 구조는 아직 밝혀지지 않았다고 말씀드렸습니다만, 인류에게 찾아온 생명체 진화 속에서 의식이 생겨난 이유에 대해서는 다음과 같은 설이 있습니다.

우리들의 뇌 안에는 오감에서 얻은 정보로 세계를 이해하기 위한 '세계모델'이 자리 잡고 있습니다. 예를 들어 머리를 오른쪽으로 흔들면 눈으로 들어오는 풍경은 왼쪽으로 흔들리지만 우리는 세계가 흔들린다고 느끼지 않습니다. 뇌 안에 자리 잡은 세계모델 덕분에 세계가 아닌 머리가 회전한다는 사실을 알고 있기 때문이죠. 또한 사사키 선생님에게서 등을 돌리더라도 뒤에 계신 선생님을 느낄 수 있는데, 이 또한 세계모델이 그 사실을 알려주기 때문입니다. 이러한 세계모델은 적자생존의 진화 과정이나 후천적 학습을 통해 뇌가 세상을 효율적으로 이해하기 위해 생겨났습니다. 하지만 세계모델은 어디까지나 현실의 근사치에 불과하기 때문에 착각과 같은 그릇된 이해가 발생하게 됩니다.

의식이라는 존재 또한 실은 이 세계모델의 일부라고 생각합니다. 오감에는 항상 잡다한 정보가 주입되므로 뇌는 다양한 정보에서 특정 정보만을 취해 세계모델에 적용하고,

상황에 따라서는 세계모델을 갱신하여 다음에 이어질 행동을 결정해야 합니다. 이와 같은 과정을 1000억 개가 넘는 신경세포가 실행에 옮기는데, 더욱 효율을 높이려면 실행의 통일적 주체, 다시 말해 의식을 상정해야 하지요. 그래서 뇌는 의식이라는 주체를 상정하고, 그 주체가 세계를 관찰하고 판단한다는 세계모델을 만들어냈습니다. 이것이 의식의 본성이라고 저는 생각합니다.

B 선생님의 말씀처럼 우리들의 의식은 그러한 세계모델의 일부이며, 그 사실을 받아들인 상태에서 우리들이 참된 행복을 추구한다면 행복은 어디에서 찾을 수 있다고 보십니까?

P 저는 무엇이든 자신의 기능을 발휘할 때가 가장 행복하다고 생각합니다. 제가 집에서 기르는 테리어를 예로 들어보죠. 이 녀석은 본래 사냥개이다 보니 실내에서 얌전히 있을 때보다 들판에서 다람쥐나 작은 새를 따라다닐 때 훨씬 더 생기가 넘칩니다. 아이의 능력을 키워주고 싶어 하는 부모의 마음도 마찬가지겠지요. 또한 생명체가 아니더라도, 이를테면 기술자가 만들어낸 정교한 도구가 사용되지 않고 버려진다면 가엾지 않을까요?

'나는 생각한다, 고로 존재한다'라는 데카르트의 말처럼 살아 있다고, 존재한다고 느낀다는 말은 다시 말해 의식이 있다는 뜻입니다. 정보 처리의 주체로서 뇌가 상정한 모델이 의식이라면 의식의 기능은 오감에서 얻은 정보를 분석하여 세계를 더욱 잘 이해하는 일입니다. 더욱 꼼꼼하게 살피고 더욱 깊게 생각해야 의식의 기능을 잘 발휘할 수 있으며, 그 기능이 십분 발휘될 때야말로 인간에게 진정 행복한 순간이라고 생각합니다.

저는 자연계의 기본 법칙에 관심이 많기 때문에 그 법칙을 더욱 깊이 이해하는 작업에 노력을 기울였습니다. 하지만 오로지 자연계의 기본 법칙만을 이해하고자 세계를 더욱 주의 깊게 살피는 것은 아니지요. 이를테면 가족이나 친구의 마음을 이해한다는 것은 그들의 행동을 잘 관찰하여 심리적 모델을 구축한다는 뜻입니다. 친한 상대방의 마음을 이해했을 때 마음이 뿌듯한 이유는 의식이 제 기능을 발휘하고 있다는 말이기 때문이지요. 회화나 음악과 같은 예술도 새로운 세계모델을 제안하는 시도라고 생각합니다.

더욱 깊고 바르게 만물을 이해하려는 의지야말로 의식이 원래 지닌 기능입니다. 그렇기 때문에 저는 만물에 대한 깊은 이해가 더욱 큰 행복으로 연결된다고 봅니다.

'인생의 의미나 보편적 행복을 종교에서 추구하는 대신에 스스로 본연의 의미와 행복을 찾아내야 한다.' 이는 현대를 살아가는 우리들도 공감할 만한 사고방식이라 생각합니다. 사사키 선생님의 말씀을 듣고, 대화를 나눠보면서 불교에 대한 이해가 깊어졌습니다. 정말 감사합니다.

B 저야말로 감사합니다. 모처럼 이런 기회가 생겼으니 오구리 선생님이 최근 연구하고 계신 분야에 대해서도 꼭 들어보고 싶네요. 그리고 오구리 선생님에게도 학문적 불교 연구가 무엇인지 알려드리고자 합니다. 그러므로 이어서 저희 둘이 각자의 연구에 대해 더욱 전문적으로 이야기해보는 특별 강의를 시작하겠습니다.

특별 강의

‘만물의 이론’에
도전하다

-오구리 히로시

만물을 설명하는 '궁극의 이론'

중력 이론과 양자역학의 통합

지금까지는 물리학과 불교의 기본적 사고방식과 관련성에 대해 사사키 선생님과 이야기를 나눠보았습니다. 과학과 불교는 관점과 목적이 다릅니다만, 이 세상을 이해하고 싶다는 욕구만큼은 같습니다. 과학과 불교의 세계관에는 모두 인과율이라는 뿌리가 존재한다는 사실도 무척 흥미로운 점이라고 생각합니다.

이 특별 강의에서는 저와 사사키 선생님이 각자가 연구하는 전문적인 영역에 대해 이야기해보도록 하겠습니다. 우선 저부터 '궁극의 이론'을 목표로 삼는 물리학의 최전선을 초끈이론을 중심으로 소개하겠습니다.

제1부에서 언급했듯, 스티븐 호킹은 '블랙홀의 정보 역설'을 통해 양자역학과 아인슈타인의 중력이론 사이에 물리적 모순이 존재하며, 그 모순에 따라 인과율의 붕괴라는 역설이 발생한다는 사실을 지적했습니다. 중력이론은 거시세계, 양자역학은 미시세계를 바르게 설명하고 있지만, 모두 같은 자연계의 법칙인 이상 둘을 조합했을 때 수학적인 모순이 발생해서는 안 됩니다.

중력이론과 양자역학의 모순은 블랙홀과 같은 상황에서만 나타나는 것은 아닙니다. 우주의 시작 또한 블랙홀과 마찬가지로 극한적인 상황 중 하나지요. 미시세계이면서 강한 중력에 지배되고 있기 때문에 양자역학만으로도, 중력이론만으로도 제대로 설명할 수 없습니다. 더욱 근원적인 현상을 설명하려면 이 두 가지를 뛰어넘어 미시세계와 거시세계를 통합하는 새로운 골자가 필요합니다.

지금까지 물리학은 자연계를 더욱 깊이 이해하기 위해 이론의 '통합'이라는 과정을 거쳤습니다. 예를 들어 뉴턴의 만유인력의 법칙은 행성의 움직임 등을 지배하는 '천상'의 법칙과 나무에서 사과가 떨어지는 '지상'의 법칙이 동일함을 밝혀냈습니다. 뉴턴의 발견은 종전까지 각자 다르다고 여겨졌던 천상과 지상의 법칙을 통합했다는 사실에 의의가 있습니다.

아인슈타인의 특수상대성이론 또한 뉴턴역학과 제임스 클러크 맥스웰•의 전자기학을 통합한 이론입니다. 전자기학에서는 빛(전

• James Clerk Maxwell(1831~1879년). 영국의 물리학자. 고전물리학의 근간인 전자기학의 발전에 큰 기여를 했으며, 그 외에 기체의 분자운동에 관한 연구로도 업적을 남겼다.

자파)의 속도가 항상 일정하므로, 속도에 덧셈이 성립하는 뉴턴역학과의 사이에 모순이 있었습니다. 저희들이 현재 목표로 삼고 있는 중력이론과 양자역학의 통합 또한 이 흐름의 연장선상에 있습니다.

하지만 중력이론과 양자역학의 통합에는 현재까지의 물리학적 발전과 질적으로 다른 부분도 존재합니다. 이 두 가지 이론을 통합하면 세상의 만물을 설명하는 '궁극의 이론'이 기다리고 있을지도 모릅니다. 먼저 그 궁극의 이론에 대해 설명하겠습니다.

자연계의 '마지막 계층'은 존재하는가

제1부에서 마트료시카 같은 자연계의 계층 구조에 대해 언급한 바 있습니다. 물질은 분자의 집합이지만 그 집합이 '근원'은 아닙니다. 분자는 원자, 원자는 원자핵과 전자, 원자핵은 양성자와 중성자, 양성자와 중성자는 쿼크라는 소립자로 이루어져 있습니다. 쿼크 역시 더욱 근원적인 어떤 물질로 이루어져 있을지도 모릅니다.

그럼 이 '자연계의 마트료시카'는 어디까지 계속될까요. 계층 구조가 무한히 깊어진다면 그 계층 구조를 설명하는 이론 또한 끝없이 이어지게 됩니다. 반대로 어딘가에서 '마지막 인형'이 나타난다면 그 최심부를 설명하는 이론이 바로 '궁극의 이론'이 되겠죠. 그것이 물리학의 목표 지점 중 하나이니 마지막 계층의 존재는 지극히 중대한 문제입니다.

결론부터 말하자면 마지막 계층은 존재한다고 생각됩니다. 따라서 만물을 설명하는 궁극의 이론 또한 존재하지요. 어째서 그렇게 예상되는지 설명하겠습니다.

과학의 세계에서는 더욱 깊은 계층에 있는 물질을 관측하기 위해 현미경의 분해능•을 점점 향상시켜왔습니다. 약 400년 전에 발명된 광학현미경은 1000만분의 1미터의 크기까지밖에 볼 수 없습니다. 이것이 가시광••의 파장으로 볼 수 있는 한계죠. 더욱 작은 물질을 보려면 그 물질에 접촉할 수 있는 짧은 파장을 사용해야 합니다. 파장을 짧게 하려면 에너지를 높여야 하죠.

그래서 발명된 것이 전자현미경이었습니다. 양자역학에 따르면 다양한 입자는 입자성(粒子性)과 파동성(波動性)을 겸비하고 있습니다. 전자 또한 파동이므로 전자에는 파장이 있지요. 전자에 에너지를 가해 속도를 높이면 높일수록 파장의 길이는 짧아지기 때문에 더 작은 물질을 볼 수 있게 됩니다. 이 기술을 통해 전자현미경으로 100억분의 1미터의 세계를 볼 수 있게 되었습니다.

이와 같은 원리를 이용하여 더욱 미시적인 세계를 보고자 개발한 장치가 소립자 실험에 사용되는 입자가속기particle accelerator입니다. 높은 에너지로 가속된 입자를 충돌시켜서 극미한 세계를 관측하는 원리로, 예를 들어 제2차 세계대전 중에 일본의 이화학 연구소에서 개발한 입자가속기의 일종인 사이클로트론cyclotron은 100조분의 1미

• 현미경이나 망원경 등의 최소 식별 능력을 말한다.

•• 전자파 중에서 인간의 눈으로 볼 수 있는 파장의 영역. 가시광선이라고도 한다.

터까지 볼 수 있었습니다. 참고로 그 사이클로트론은 패전 이후 연합군 최고 사령부에 압수당하여 원자폭탄 연구에 사용되었다는 오해를 받고 안타깝게도 도쿄만에 수장되고 말았습니다.

이후 가속기는 에너지를 높이기 위해 점점 거대해졌습니다. 현재 세계에서 가장 큰 에너지를 자랑하는 가속기는 유럽 원자핵 공동 연구소Conseil Européen pour la Recherche Nucléaire(이하 CERN)의 대형 강입자 충돌기Large Hadron Collider(이하 LHC)입니다. 지하 100미터 아래에 둘레가 27킬로미터나 되는 원형의 장치가 묻혀 있는데, 그 안에서 광속에 가까운 속도까지 가속한 양성자를 반대 방향에서 날아온 양성자와 충돌케 하여 1000경분의 1미터에 달하는 세계를 관측할 수 있게 되었습니다.

더 이상 관측할 수 없는 세계

그럼 가속기를 더욱 거대하게 만들어서 에너지를 높이면 끝없이 작은 세계를 볼 수 있을까요? 사실 말처럼 쉽지 않습니다. 아인슈타인이 특수상대성이론에서 제시한 '$E=mc^2$'는 에너지가 질량으로 변환한다는 의미입니다. 따라서 양성자들을 높은 에너지로 충돌시키면 커다란 질량이 발생하지요. 극히 작은 영역에 커다란 질량이 집중되면 그곳에서는 블랙홀이 발생합니다. 실제로 CERN의 LHC에서도 블랙홀이 생겨날 가능성이 있기 때문에 실험이 시작되기 전에 '지구가 빨려 들어갈 우려가 있다'며 금지 소송을 건 사람도 있었습니다. 물론 그럴 우려는 없습니다. 만에 하나 블랙홀이 생겨난다 해도 극히 작을 테고 금세 사라지게 됩니다. 주변의 물질을 빨아들이는 일은 벌어지지 않습니다.

하지만 에너지가 극단적으로 커지면 그곳에서 발생하는 블랙홀은 실험 자체에 지장을 줄 수 있습니다. 예를 들어 LHC보다 1경 배 높은 에너지로 입자를 충돌시키는 가속기가 있다고 가정해보겠습니다. 지금의 기술로는 실현할 수 없는 규모입니다만, 만약 실현해낸다면 그곳에서 가속된 입자의 파장과 충돌을 통해 발생한 블랙홀의 크기는 거의 동일해집니다. 따라서 관측하고 싶은 영역이 블랙홀에 가려져 보이지 않게 되므로 실험의 의미가 사라지고 말지요. 그 이상으로 에너지를 높이면 블랙홀이 점점 더 커지므로 가속도 실험은 그 시점에 끝나게 됩니다.

이때 입자의 파장은 10억 네제곱분의 1미터. 그보다도 작은 세계를 보기란 기술적이 아닌 원리적으로 불가능합니다. '보이지 않더라도 존재는 할 수 있다'라고 생각되겠지만 물리학에서는 원리적으로 관측되지 않는 물질은 존재하지 않는 것과 마찬가지라고 봅니다. 그보다 더 미시적인 세계에서는 관측할 수 있는 물질이 존재하지 않으니 그 크기의 세계에서 벌어지는 현상을 설명한다면 자연계의 근원을 설명하는 셈이 됩니다. 더욱 미시적인 세계의 구조를 밝혀내서 더욱 근본적인 법칙을 발견해내는 물리학의 걸음이 그곳에서 멈추게 되는 것이지요. 걸음이 멈춘 곳에 바로 '궁극의 이론'이 있습니다. 양자역학과 중력이론의 통합은 그 궁극의 이론이 될 가능성이 있습니다. 그리고 현재까지 가장 유력한 후보로 거론되는 이론이 바로 제가 연구하는 초끈이론입니다.

9차원 초끈이론의 세계

쿼크를 비롯한 소립자는 무엇으로 이루어져 있을까요? 제1부에서도 언급했듯 '소립자의 표준모형'이라 불리는 이론 체계에서는 17종류의 소립자가 있다는 사실이 밝혀졌습니다. 그중에서 마지막으로 발견된 소립자가 2012년에 CERN의 LHC에서 검출된 힉스 입자입니다. 표준모형이 옳았다는 사실을 증명해낸 힉스 입자의 발견은 실로 놀라운 사건이었습니다.

하지만 자연계를 되도록 간단하게 설명하려는 물리학자에게 17종류라는 물질세계의 기본 단위는 지나치게 많습니다. 그래서 다양한 소립자에는 모두 '끈'이라는 기본 단위가 있지 않겠느냐는 가설이 등장했습니다. 바이올린의 현이 진동하는 방식에 따라 음정이나 음색이 달라지듯, 끈의 진동에 따라 다양한 소립자가 표현된다는 발상이죠. 이것이 바로 초끈이론입니다. 이번 기회에는 '초'라는 접두사가 붙은 이유를 자세히 설명할 수 없지만, 이 끈이론이 초대칭성•이라는 성질

• supersymmetry. 입자인 보손boson과 페르미온 사이의 대칭성. 입자물리학에서 우주를 설명하는 근본 이론으로 연구되고 있다.

을 지니기 때문이라고만 말해두겠습니다.

이처럼 초끈이론이 등장했지만 미시세계를 설명하기 위한 이론이기에 중력은 염두에 두지 않았습니다. 애당초 소립자 표준모형에 중력의 존재는 무시되고 있죠. 지금까지 가속기로 실시해온 소립자 실험에서는 중력의 영향이 적었기 때문에 무시하더라도 상관없었던 것입니다.

소립자 이론으로 등장한 초끈이론이 뜻하지 않게 중력과 연결된다는 사실이 밝혀진 때는 1974년이었습니다. 초끈이론에 중력을 전달하는 입자가 포함되어 있다는 사실이 드러난 것이죠. 중력을 무시한 채 소립자 이론을 구축하려 했지만 중력은 자동적으로 포함되어 있었습니다. 이로써 초끈이론은 양자역학과 중력이론을 통합하는 궁극의 통일이론이 되지 않을까 기대하는 사람들이 나타났습니다.

다만 이 이론에는 한 가지 더 난점이 있었습니다. 우리는 3차원 공간에서 살아가고 있는데 초끈이론이 성립하려면 공간이 9차원이어야만 했습니다. 이 또한 처음에는 이론적 결함이라 간주되었죠. 그럴 만도 합니다. 가로, 세로, 높이라는 세 가지 차원 이외에 여섯 개나 되는 잉여차원이 필요하다는 말은 현실과 지독하게 동떨어진 이야기니까요. 그런 차원이 대체 어디에 있을지 짐작조차 되지 않습니다.

그런데 10년 뒤인 1984년에 '여섯 개의 잉여차원이 존재하더라도 우리에게는 보이지 않는다'라는 메커니즘이 이론적으로 밝혀졌습니다. 게다가 그 메커니즘을 통해 초끈이론에서 소립자 표준모형을 이끌어내는 경로가 드러났죠. 이러한 일련의 발견에 따라 많은 물리학자가 초끈이론을 유력한 이론으로 보기 시작했고, 폭발적인 발전을 이루었기 때문에 '초끈이론 혁명'이라 불리고 있습니다.

사실 제가 대학원에 진학한 때는 이 '혁명'이 일어난 1984년이었습니다. 상황도 그러했기 때문에 저는 초끈이론을 전공 분야로 정한 것입니다.

6차원 공간의 물리량을 계산하는 방법

그럼 초끈이론에서는 여섯 개의 잉여차원을 어떻게 설명할까요?

여기에는 '칼라비-야우 공간'•이라는 매우 고차원적인 수학적 개념이 사용됩니다. 이 6차원 공간은 매우 작기 때문에 우리들의 눈에는 보이지 않는다고 받아들여집니다.

단순한 예를 들어 설명해보겠습니다. 정원에서 개미가 고무호스 위를 기어간다고 생각해보십시오〈도표3-1〉. 개미에게 호스의 표면은 2차원이므로 두 방향으로 이동할 수 있습니다. 호스를 따라 물이 나오는 입구나 출구 쪽으로 움직일 수도 있고, 동그란 호스 주

• Calabi-Yau space. 잉여차원을 설명하기 위한 고차원 공간 개념. 공간의 형태를 처음으로 제안한 이탈리아 태생의 미국 수학자 에우제니오 칼라비(Eugenio Calabi, 1923~)와 이 공간이 수학적으로 가능하다는 것을 보여준 중국계 미국인 수학자 야우싱퉁(Shing-Tung Yau, 1949~)의 이름에서 유래했다.

위를 빙글빙글 돌 수도 있지요. 또한 반대 방향에서 오는 동료 개미와 스쳐 지나갈 수도 있습니다.

하지만 그 호스에 앉은 새에게 호스는 2차원이 아닙니다. 이동할 수 있는 방향은 하나뿐이죠. 개미와 다르게 반대 방향에서 오는

도표3-1 **잉여차원의 이미지**

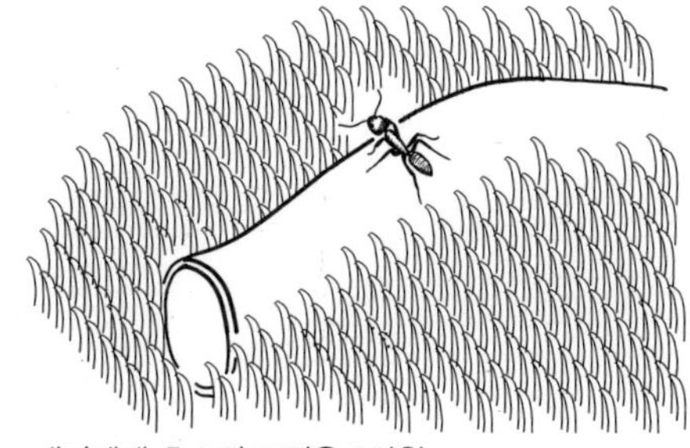

개미에게 호스의 표면은 2차원

새에게 호스는 1차원

©Hirosi Ooguri

동료와 스쳐 지나가지 못하고 부딪히게 됩니다. 즉, 호스 표면의 2차원 평면은 개미에게는 존재하지만 작고 동그랗기 때문에 새에게

는 1차원이나 마찬가지입니다.

6차원의 칼라비-야우 공간 역시 호스와 마찬가지로 작고 둥글기 때문에 우리들에게는 보이지 않습니다. 다만 지상의 실험에서는 직접 관측하지 못하나 높은 에너지 상태였던 초기 우주를 관측할 수 있게 된다면 칼라비-야우 공간의 모습도 보일 것으로 여겨지고 있습니다.

하지만 칼라비-야우 공간의 구조는 너무나도 복잡하기 때문에 처음에는 그 공간 안에 있는 두 점의 거리를 계산하는 방법조차 알지 못했습니다. 거리조차 측정하지 못해서야 설령 칼라비-야우 공간을 관측한다 하더라도 무엇이 보일지 이론적으로 예측할 수 없습니다.

이 '6차원 기하학'을 해명하여 소립자 현상이나 우주 탄생의 이해로 연결하는 것이 제 연구의 주된 주제 중 하나입니다. 저는 1992년 가을부터 1년 동안 하버드대학에 머무르며 이 문제를 부분적으로 해결하기 위한 새로운 계산 방법을 그곳에서 만난 세 명의 연구자와 공동으로 개발했습니다. '위상수학topology'이라는 현대수학의 도구를 이용하면 칼라비-야우 공간의 상세한 구조를 모르더라도 일종의 물리량을 엄밀하게 계산할 수 있다는 사실이 밝혀진 것입니다.

위상수학에서는 겉모습은 크게 다르더라도 연속적으로 변화시킬 경우 동일한 형태가 된다면 서로 같다고 간주합니다. 종종 언급되는 예가 손잡이가 달린 머그컵과 도넛입니다. 모두 구멍이 하나

뿐이기 때문에 연속적으로 변화시키면 같은 형태가 되지요. 이를 '위상동형'•이라고 합니다.

저희들은 이 위상수학을 사용하여 3차원 공간인 소립자의 성질에서 6차원 공간의 거리를 어떻게 측정하더라도 변하지 않는 물질량이 있다는 사실을 발견했습니다. 따라서 거리를 측정하는 방법을 모르더라도 특정한 양을 계산할 수 있습니다. 이 계산 방법은 '위상수학적 끈이론'이라고 불리며, 초끈이론의 발전에 필요한 도구로 널리 사용하게 되었습니다.

천재 과학자 라마누잔의 마지막 편지

위상수학을 이용한 초끈이론 연구는 제 박사 논문이기도 했습니다. 〈도표3-2〉와 같은 형태로 초끈이론의 질량공식을 구하는 공식을 이끌어냈지만, 당시는 여기에 나오는 45, 231, 770과 같은 숫자에 담긴 의미를 이해하지 못했습니다. 박사 논문을 쓴 뒤로 22년 동안 이 문제를 고민했습니다. 그런데 2011년에 다시금 연구해본 결과, 뜻밖의 사실이 밝혀졌습니다. 이들 숫자는 초끈이론의 심오한 대칭성을 반영한다는 사실이 판명된 것입니다. 이 대칭성이 느러

• homeomorphic. 모양이나 형태는 다를지라도 구조적으로는 동일한 형태라는 의미. 서로 다른 형태의 두 물체를 찢거나 붙이지 않고, 구부리거나 늘여서 같은 형태로 만들 수 있으면 위상동형이라 할 수 있다.

난 데에는 20세기 초에 활약한 인도의 천재 수학자 스리니바사 라마누잔이 개발한 수학이 밀접하게 관련되어 있었습니다. 여기서 잠시 라마누잔에 관한 이야기를 하고 넘어가겠습니다.

1887년, 인도의 마드라스에서 브라만(카스트 제도의 최상위인 승려 계급) 신분으로 태어난 라마누잔은 영국의 수학자 고드프리 해럴드 하디•의 눈에 들어 케임브리지대학에 초빙되었고, 5년이라는 체류 기간 동안 다양한 성과를 올렸습니다. 그러나 제1차 세계대전이 벌어지던 당시의 열악한 환경 속에서 병을 얻어 쓰러졌고, 인도로 돌아간 이듬해인 1920년에 안타깝게도 세상을 떠나고 말았습니다. 그의 생애는 영화 「무한대를 본 남자The Man Who Knew Infinity」(2016년 개봉)로도 제작되었습니다.

도표3-2 오일러Euler수로 일반화한 칼라비-야우 공간
(초끈이론의 질량공식을 구하는 공식)

$$45q+231q^2+770q^3+2277q^4+\cdots\cdots$$

라마누잔은 세상을 뜨기 전 1년 동안 인도에서 '가짜 모듈러 형식mock modular forms'이라는 새로운 수학 분야를 개척했습니다. 이를 기록한 노트는 하디가 상속받았으나 그 내용을 이해하지 못하여 노트는 다시 몇 명의 수학자가 물려받았습니다. 이후 케임브리지대

• Godfrey Harold Hardy(1877~1947년). 영국의 수학자. 순수수학의 발전에 큰 공헌을 하였다. 라마누잔이 보내온 노트에서 그의 천재성을 알아보고 케임브리지대학에서 공동 연구를 진행하여 다섯 권의 논문을 썼다.

라마누잔의 편지를 보는 오구리 히로시(맨 왼쪽, 케임브리지대학교 트리니티 칼리지의 렌도서관)

학교 도서관에 기증되어 그곳에서 잠들어 있다가 수학자 조지 앤드루스가 1976년에 우연히 발견하게 되고, 마침내 1987년에 책으로 발표되었습니다. 라마누잔이 태어난 지 꼭 100주년이 되는 해였습니다.

저는 1987년에 국제회의를 위해 때마침 인도에 머무르고 있었는데, 당시에는 라마누잔의 '잃어버린 노트'에 기록된 가짜 모듈러 형식이 화제를 모으고 있었습니다. 회의 중에 이 노트에 관한 텔레비전 방송이 나오자 참가자들끼리 "가짜 모듈러 형식이라니, 초끈이론에 써먹을 수 있을까?" 하는 이야기를 농남처럼 주고받았던 일이 기억납니다.

그런데 바로 라마누잔의 이 발견이 초끈이론의 질량공식의 대칭성을 밝혀내는 힌트가 된 것입니다. 그로부터 2년 뒤에 제가 쓴 박사 논문에도 일부 사용된 가짜 모듈러 형식이 초끈이론의 심오한 대칭성을 반영하고 있음을 깨달은 것은 논문을 쓰고 20년이 지난 뒤였습니다. 2009년 여름, 미국 콜로라도주의 애스펀 물리학 연구소에서 친구와 토론을 하던 중이었죠.

그 후로 초끈이론 연구는 현격한 발전을 이뤘고, 세계 각지에서 연구가 진행되고 있습니다. 2015년 봄, 케임브리지대학을 방문했을 때는 라마누잔이 하디에게 마지막으로 남긴 편지를 볼 기회가 있었습니다. 편지 마지막 페이지에는 가짜 모듈러 형식이 몇 가지 적혀 있었는데, 그 다섯 번째가 바로 제가 박사 논문에 사용한 형식이었기 때문에 감동을 금할 수가 없었습니다.

인과율의 위기를 구원하는 획기적 아이디어

다시 제1부에서 소개한 '블랙홀의 정보 역설'을 떠올려보겠습니다. 이 문제에 양자역학과 아인슈타인의 중력이론을 그대로 적용하면 인과율이 붕괴된다고 했었죠. 과학의 기본인 인과율을 지키려면 양자역학과 중력이론을 통합하는 새로운 골자가 필요합니다.

이는 통일이론으로 기대를 모으고 있는 초끈이론을 향한 도전이기도 했습니다. 그럼 초끈이론은 이 어려운 문제에 어떻게 대답했을까요. 실은 여기에도 저희들의 '위상수학적 끈이론'이 도움을 주었습니다. 다만 유감스럽게도 이 책에서는 자세히 다룰 여유가 없으므로 관심이 있으신 분은 졸저인 『중력, 우주를 지배하는 힘』이나 『오구리 선생님의 초끈이론 입문(大栗先生の超弦理論入門)』을 읽어보시기 바랍니다. 여기서는 대략적인 흐름만을 파악하도록 하겠습니다.

한동안 초끈이론은 블랙홀을 어떻게 이해하면 좋을지 몰라 호킹의 도전을 받아들일 수 없었습니다. 그런데 1995년에 '제2차 초끈이론 혁명'이라 불리는 비약적 발전이 일어났습니다. 종전의 초끈이론에서는 물질의 근원인 소립자를 '1차원의 끈'이라고 생각했는데, 여기에 '2차원의 막'이나 '3차원의 입체'처럼 차원의 확장이 있을 수 있지 않겠느냐는 발상이 생겨난 것이죠. 초끈이론에서는 이러한 우주의 기본 단위에 '브레인brane'이라는 이름을 붙였습니다.

브레인이라는 발상이 도입되자 획기적인 아이디어가 등장했습니다. 소립자를 고무줄과 같은 '닫힌 끈'이라고 여겼던 기존의 초끈이론에서 한 발 더 나아가, 끝점이 존재하는 '열린 끈'을 블랙홀의 분석에 이용할 수 있다는 사실을 알아낸 것입니다. '닫힌 끈'의 절반이 사건의 지평선을 넘어 블랙홀 내부로 들어갔을 때, 닫힌 끈은 마치 '열린 끈'이 블랙홀의 표면에 붙어 있는 것처럼 보이겠지요.

자세한 설명은 생략하겠습니다만, 열린 끈이라는 개념을 사용하여 블랙홀의 '상태수'를 계산할 수 있게 되었습니다. 요컨대 표면에 붙은 '열린 끈'을 블랙홀의 '원자' 혹은 '분자'로 가정할 수 있다는 말이죠. 방을 예로 들었을 때, 방 안 공기의 상태수는 공기에 포함된 분자가 배치된 패턴의 가짓수를 뜻합니다. 모든 분자의 위치에 따라 공기의 상태가 정해지듯이, 블랙홀의 상태 또한 '열린 끈'으로 계산할 수 있습니다.

하지만 대형 블랙홀에서는 상태수를 근사치로 계산할 수 있었던 반면에 작은 블랙홀에서는 양자 요동의 효과가 크기 때문에 계산이 어려웠습니다. 이때 바로 저희들이 개발한 '위상수학적 끈이론'이 도움을 주었습니다. 이 이론을 적용하자 어떤 크기의 블랙홀이라도 상태수를 계산할 수 있다는 사실이 드러났죠.

계산 결과, 블랙홀의 상태수가 인과율의 보존에 필요한 수치와 정확하게 일치한다는 것이 밝혀졌습니다. 이는 블랙홀에서 벌어지는 호킹복사가 통상의 물리법칙에 따른다는 사실을 의미했죠. 사건의 지평선 너머로 빨려 들어간 정보는 블랙홀의 상태로 보존되는 것입니다.

우리들이 살고 있는 3차원 공간은 환상

계산을 통해 블랙홀이 지닌 또 하나의 신비한 성질이 밝혀졌습니다. 블랙홀에 허용된 상태수(정확하게 말하자면 상태수에 로그함수를 취한 것)는 블랙홀의 부피가 아닌 표면적에 비례한다는 결과가 나온 것입니다.

상태수(의 로그)는 일반적으로 그 영역의 크기에 비례하니 그래서는 말이 되지 않겠죠. 어떤 방을 예로 들자면, 내부 공기의 상태

도표3-3 중력의 홀로그래피 원리

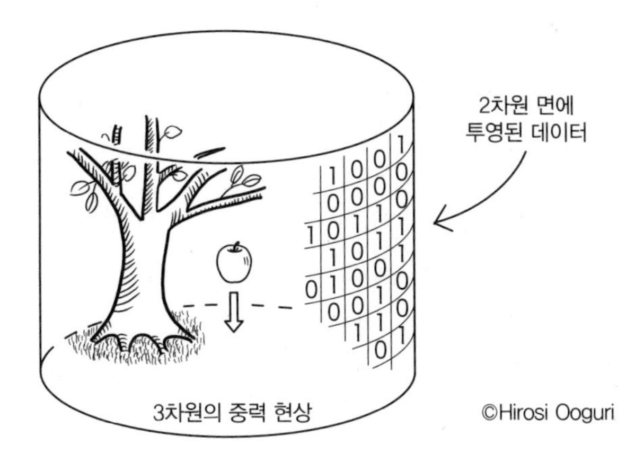

수는 방의 부피에 비례합니다. 사건의 지평선 너머로 던져진 책은 블랙홀 내부로 낙하할 테니 블랙홀의 상태수 역시 일반적으로는 블랙홀의 부피에 비례한다고 생각해야 합니다.

그런데 표면적에 비례한다면 블랙홀의 내부에 있어야 할 정보가 마치 표면에만 자리 잡고 있는 것처럼 보입니다. 사건의 지평선 너머 3차원 공간에서 벌어지는 일이 블랙홀의 표면에 기록되는 셈이죠.

이 발견을 통해 '홀로그래피 원리holographic principle'라는 새로운 발상이 탄생했습니다. 광학의 영역인 '홀로그램'에 빗댄 표현이지요. 홀로그램은 빛의 간섭 방식을 2차원 평면에 기록하여 3차원 입체의 형태를 재현하는 수법을 말합니다. 이와 마찬가지로 블랙홀 표면에 기록된 정보를 통해 블랙홀 내부에서 벌어지고 있는 일을 재현할 수 있죠. 요컨대 블랙홀 내부의 일은 표면을 통해 모두 알 수 있으며, 표면에 기록된 정보만으로 내부를 모두 설명할 수 있다는 말입니다.

홀로그램으로 나타난 3차원 영상은 말하자면 환상에 불과합니다. 정보의 실체는 2차원 평면에 존재하지요. 그렇다면 우리들이 살고 있는 3차원 공간은 환상일 뿐이며, 공간의 끝자락에 있는 2차원 표면의 정보야말로 실체라는 말이 됩니다. 게다가 이 블랙홀 표면의 2차원 세계에는 중력이 존재하지 않습니다.

초끈이론에서는 '닫힌 끈'이 중력을 전달한다고 여기기 때문이지요. '열린 끈'은 중력과는 무관한 소립자입니다. 그리고 조금 전에 언급했듯이 블랙홀의 표면에는 바로 '열린 끈'이 붙어 있습니다. '닫힌 끈'이 사건의 지평선을 넘어서 '열린 끈'으로 변하기 때문이죠. '열린 끈'만으로 블랙홀 내부의 모든 것을 설명할 수 있는 홀로그래피 원리에 중력은 포함되지 않습니다.

인과율의 붕괴는 양자역학과 중력이론을 동시에 사용하면서 생겨난 문제입니다. 하지만 홀로그래피 원리를 이용하여 중력과 무관한 방법으로 모든 것을 설명할 수 있다면 문제는 벌어지지 않죠. 우리들의 3차원 공간에는 중력이 작용하고 있지만, 3차원을 2차원의 면에 홀로그래피 원리로 투영한다면 중력은 사라지고 맙니다 〈도표3-3〉. 중력이 관여하지 않을 때는 결코 정보가 사라지지 않으니 원리적으로는 모든 정보를 복원할 수 있다는 사실이 양자역학적 계산을 통해 증명되었습니다. 블랙홀이 증발하는 현상은 책을 태울 때와 동일한 역학으로 설명할 수 있다는 말입니다.

이렇게 블랙홀의 호킹복사는 인과율을 위협하지 않는다는 사실을 알아냈습니다. 이로써 통일이론의 유력한 후보는 역시 초끈이론이었다는 사실이 확인된 셈이죠.

"신은 주사위를 던지지 않는다"

마지막으로 한 가지 더, 제 새로운 연구를 소개하도록 하겠습니다.

양자역학과 중력이론의 통합에는 아직 많은 과제가 남아 있지만 그중에서도 최근에는 '양자 얽힘quantum entanglement'이라는 문제가 중요한 화두로 떠오르고 있습니다. 저 또한 이 문제에 몰두하고 있기 때문에 최근에는 중력의 기초인 시공(시간과 공간)이 양자 얽힘에서 생겨나는 구조를 해명하기 위한 논문을 몇 편 썼습니다. 시공간의 본성은 양자 얽힘의 모습을 유사하게 나타낸 것일지도 모른다는 말입니다. 이렇게 말하면 대부분의 분들은 무슨 말인지 이해하지 못하시겠죠. 우선 양자 얽힘이 무엇인지부터 말씀드리겠습니다.

양자 얽힘 현상을 가장 먼저 지적한 사람은 아인슈타인이었습니다. 애당초 아인슈타인은 특수상대성이론과 함께 1905년에 발표한 '광양자설'로 노벨물리학상을 수상하였으니 양자역학의 창시자 중 한 명이기도 합니다. 하지만 아인슈타인은 이론이 발전함에 따라 점차 의구심을 품게 되었습니다. 입자의 운동은 확률적으로 예측할 수밖에 없다는 양자역학에 반대하여 "신은 주사위를 던지지 않는다"라는 유명한 말도 남겼죠.

그래서 "양자역학이 옳다면 이렇게 이상한 현상이 벌어진다"라고 비판적 의미에서 지적한 현상이 바로 양자 얽힘입니다. 1935년에 발표한 논문에서 아인슈타인은 양자 얽힘을 '기괴한 원격작용'이라고 칭했습니다. 대체 어떠한 원격작용일까요.

예를 들어 전자라는 입자에는 '스핀spin'이라는 성질이 있는데, 스핀에는 업스핀up spin과 다운스핀down spin이라는 두 가지 회전 방향이 있습니다. 다만 양자역학에서는 관측되었을 때 비로소 회전 방향을 알 수 있죠. 관측되기 전까지는 업스핀과 다운스핀이 '겹친' 상태라고 생각합니다. 관측된 순간에 스핀의 회전 방향이 확정되는데, 이때 상태가 '수축'되었다고 말합니다.

이러한 발상 자체도 이해하기 어려운데, 여기서 두 전자가 짝을 이루고 있다면 어떻게 될까요? 전자 A와 전자 B가 있는데, 'A가 업스핀이고 B가 다운스핀'인 상태와 'A가 다운스핀이고 B가 업스핀'인 상태가 겹쳐 있다는 말입니다.

이때 회전 방향을 확정하기 위해 두 전자를 모두 관측할 필요는 없습니다. A나 B 둘 중 하나를 관측하면 나머지 한쪽은 반대 방향이라는 사실이 확정되지요. 이해하셨습니까? 이것이 바로 '기괴한 원격작용'입니다. 설령 전자 A와 전자 B가 멀리 떨어져 있다 해도 두 전자의 상태는 동시에 수축합니다. 다시 말해, 한쪽이 수축했다는 사실이 동시에 나머지 한쪽으로 전달된다는 뜻이죠. 그런데 아인슈타인의 특수상대성이론에 따르면 정보가 전달되는 속도에는 한계가 있습니다. 정보는 빛보다 빠른 속도로 전달될 수 없는데도 한쪽의 관측 결과가 떨어진 장소에 영향을 미친다니 이해하기 어려운 일이죠. 그렇기 때문에 아인슈타인은 이를 '기괴한 원격작용'이라 간주하였고, 양자역학에 의문을 제기한 것입니다.

블랙홀 방화벽 역설

아인슈타인의 뜻과는 반대로 '양자 얽힘'이라는 현상이 실제로 벌어진다는 사실은 실험으로도 검증되었습니다. 물론 특수상대성이론과는 모순되지 않지만 이 '기괴한 원격작용'이 벌어진다는 사실은 실험에서도 드러났지요.

양자역학의 세계에서는 양자 얽힘을 통해 여러 불가사의한 일이 벌어집니다. 100쪽짜리 책을 예로 들어보죠. 보통은 10쪽을 읽으면 10쪽만큼의, 50쪽을 읽으면 50쪽만큼의 정보를 얻을 수 있습니다. 하지만 양자역학의 세계에서는 10쪽을 읽든 50쪽을 읽든 아무런 정보를 얻지 못하고, 100쪽을 모두 읽어야 비로소 무엇이 쓰여 있는지 알게 되는 일이 벌어집니다. 두 전자의 스핀이 서로에게 영향을 주는 것과 마찬가지로 곳곳에 적혀 있는 정보의 상관관계에 따라 전체의 상태가 결정된다는 말입니다.

또한 양자 얽힘에는 '일부일처제'와 같은 성질도 있습니다. 예를 들어 전자가 세 개 있을 때, 전자 A와 전자 B가 양자적으로 얽히면 전자 C는 앞선 두 전자와 얽히지 못합니다. 이는 정보가 둘 사이에서만 공유된다는 의미기도 합니다. 독서에 비유하자면 A가 빌려준 책을 B는 읽을 수 있지만, C는 읽지 못한다는 뜻이죠. 양자 얽힘에는 이러한 한계가 있습니다.

다른 세상의 추상적인 이야기처럼 들릴지도 모르겠습니다만, 양자 얽힘은 머지않아 우리들과 밀접한 분야에서 실용화되리라 예상합니다. 현재 왕성하게 연구 중인 양자 컴퓨터 역시 양자 얽힘 현상을 응용한 기술입니다. 양자 컴퓨터가 실현되면 우리들의 인터넷 생활에도 커다란 영향을 미칠지 모릅니다. 예를 들어 인터넷 쇼핑에 쓰는 신용카드 번호 등의 암호화에는 '큰 수는 소인수 분해하기 어렵다'라는 성질을 사용하고 있습니다. 따라서 아무리 큰 수라도 순식간에 소인수 분해할 수 있는 프로그램이 등장하면 인터넷 경제는 단숨에 붕괴될지도 모르죠. 양자 컴퓨터가 그럴 만한 능력을 지녔다는 사실은 이미 수학적으로 증명된 바 있습니다.

이러한 양자 얽힘이 저희 이론물리학자들에게 중요한 화제로 떠오른 계기는 '블랙홀 방화벽 역설'이라는 새로운 역설의 발견이었습니다. 호킹복사 때와 마찬가지로 여기서 학자들의 이목을 끈 문제는 사건의 지평선을 사이에 둔 '안쪽'과 '바깥쪽'의 관계입니다. 아직 뚜렷한 결론은 나오지 않았지만 블랙홀의 주변 공간에서 벌어지는 양자 얽힘 때문에 사건의 지평선 바로 안쪽에는 이글이글 타오르는 '벽'이 생겨나고, 그곳에서는 시간과 공간 모두 사라지고 말리라는 가설이 제창되었습니다.

제1부에서는 '사사키 선생님이 블랙홀에 뛰어들면 어떻게 되는지'에 대해 이야기했습니다. 멀리 떨어진 제게는 사사키 선생님의 시간이 사건의 지평선에서 멈춘 듯 보이지만, 사사키 선생님의 시간은 계속 흐르기 때문에 블랙홀 내부로 떨어질 수 있지요. 일반상대성이론에서는 그래야만 합니다. 그래서 제1부에서는 '아인슈타인의 이론에 따르면'이라는 단서를 붙여서 지평선을 무사히 통과할 수 있다고 말씀드렸죠. 그러나 양자 얽힘 현상을 적용하면 그럴 수 없습니다. 불타는 벽에 남김없이 타버리게 될지도 모르고, 안쪽으로 넘어가면 시간과 공간 모두가 존재하지 않을지도 모릅니다. 아인슈타인을 믿고 블랙홀에 뛰어든 사사키 선생님에게는 죄송하지만 지평선을 넘은 뒤에 어떻게 될지는 아직 확실하게 밝혀지지 않았습니다. 시간이 존재하지 않는다는 점에서 보자면 불교에서 말하는 '열반'과 같을지도 모르죠. 그 장소에서 사사키 선생님이 석가의 가르침에 대해 어떤 생각을 하실지 듣고 싶기도 하군요. 물론 유감스럽게도 그곳에서 보내온 메일은 블랙홀의 중력 때문에 제게 도달하지 않겠지만요.

이 '블랙홀 방화벽 역설'이 제시하듯이 양자역학과 일반상대성이론의 통합은 여전히 발전하는 단계에 놓여 있습니다. 제가 최근에 발표한 논문 또한 이 양자 얽힘을 통해 중력의 무대가 되는 시간과 공간이 생겨나는 모습을 설명하는 내용이었습니다.

저는 이와 같은 연구를 계속하여 우주의 시작이나 세상의 본질을 근원적으로 설명하는 궁극의 이론을 찾아내려 하고 있습니다.

특별 강의

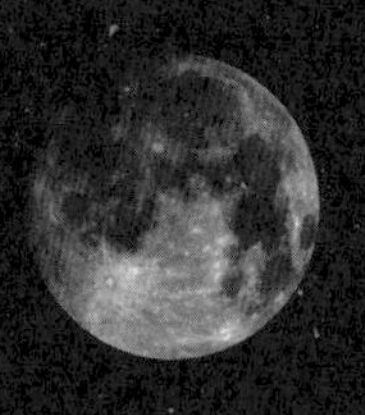

대승불교의
기원을 찾아서

-사사키 시즈카

석가의 가르침과 정반대인 대승불교가 태어난 이유

대승불교는 속세에서 발생했다?

지금까지 오구리 선생님께서 그야말로 물리학의 최첨단을 달리는 흥미로운 이야기를 들려주셨습니다. 약 100년 전에 생겨난 아인슈타인의 상대성이론조차 우리들의 일상적 감각과는 동떨어져 있습니다만, 그 이후로 나타난 초끈이론의 세계상은 그야말로 놀라울 따름입니다. 하지만 이 또한 이론의 축적을 통해 나타난 결과이니 우선은 그대로 받아들이고 언젠가 초끈이론이 관측이나 실험을 통해 검증되기를 기쁜 마음으로 기다리고자 합니다. 오구리 선생님의 강의에 이어 저는 수년 전에 발표한 대승불교의 발전에 관한 연구 성과를 보여드리도록 하겠습니다. 제가 30세 무렵부터 10년에 걸쳐 연구한 결과물을 박사 논문으로 정리한 내용입니다.

불교는 석가라는 실존 인물이 창시한 종교이다 보니 처음에는 하나의 가르침만을 신봉하는 단일 종교로 출발하였습니다. 그러나 현재 불교는 매우 다양한 종파로 갈라져 있습니다. 일본만 하더라도 무슨 무슨 종이라는 이름이 붙은 불교가 대단히 많고, 다른 불교 국가에서도 교리가 다른 다양한 종파가 있습니다. 그것들이 모두 '불교'라는 이름으로 한데 묶여 있는 셈입니다.

물론 기독교 역시 프로테스탄트나 가톨릭 등으로 분열되었고, 이슬람교에도 수니파와 시아파라는 종파가 있으니 다양화는 불교만의 특징은 아닙니다. 그렇지만 불교의 다양성은 다른 종교와는 비교할 수 없습니다. 이질적이라 할 만큼 다양한 종파가 존재하기

도표4-1 『도사』에 따른 부파의 분파도

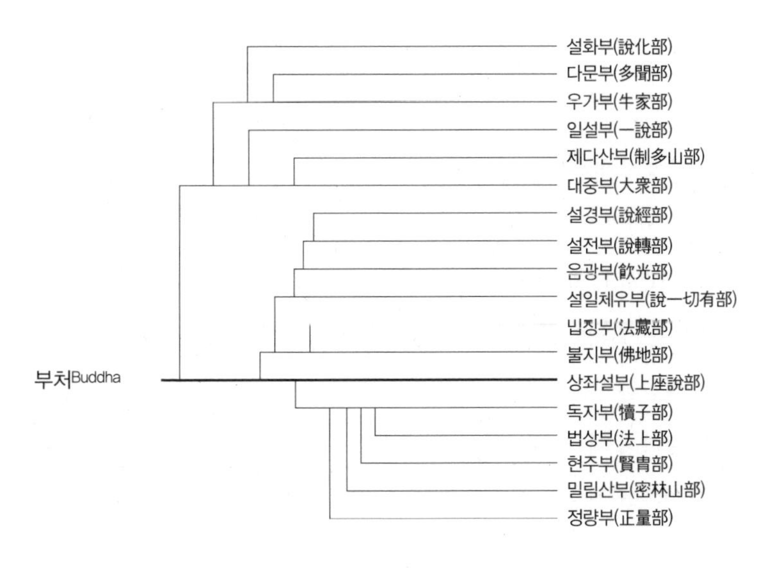

때문입니다.

게다가 석가의 가르침과 후대의 대승불교를 비교하면, 대승불교는 석가와는 거의 정반대에 가까운 가르침을 전하고 있습니다. 다른 종교에서는 찾아볼 수 없는, 불교 특유의 독특한 현상입니다.

대승불교가 태어났을 때의 배경에 대해서는 제2부에서 이야기했습니다. 하지만 이 새로운 불교가 생겨난 계기에 대해서는 학계에서도 오랫동안 토론이 이어졌고, 제대로 밝혀진 바가 없습니다.

대승불교가 등장하기 이전부터 불교에는 분파가 존재했습니다. 제2부에서 소개한 『도사』라는 스리랑카의 역사서에는 그 흐름이 기록되어 있는데, 그 기록을 토대로 작성한 것이 〈도표4-1〉입니다. 『도사』의 정보가 얼마나 옳은지 확실한 증거는 없지만, 석가의 사후 100~200년 사이에 많은 집단이 갈라져 나왔다는 사실은 분명합니다.

그러나 이 안에 대승불교는 하나도 없습니다. 한때 위에서 여섯 번째인 대중부Mahāsamghika 일파가 대승불교의 단일한 기원이라는 설이 있었지만, 곧 부정되었습니다. 그 후 앞의 표에는 대승불교의 뿌리가 없다는 의견도 나왔는데, 이는 제법 대담한 가설이라 볼 수 있겠지요. 표에 나온 집단은 모두 석가의 가르침에서 분파한 집단이니 다른 곳에 기원이 있다면 대승불교는 석가와 연결되지 않습니다. 대승불교는 석가가 세운 승가 조직이 아닌 외부의 속세에서 발생했다는 충격적인 학설이지요. 약 20년 전까지는 이 설이 유력시되었습니다.

제가 불교학 연구를 시작한 당초의 목적은 대승불교의 기원을 찾는 작업과는 무관했습니다. 본래는 '율장'이라 하여, 불교 승가에서 사용되는 법률이 연구 대상이었지요. 저는 기본적으로 법률이라는 자료를 통해 불교라는 종교의 본질을 해명하고자 했으며 지금도 이 방향성은 변함이 없습니다.

그런데 20대가 끝나갈 무렵 율장 연구를 이어나가던 중 우연히 어떤 정보를 발견하게 되었고, 그 정보를 되짚어보는 사이 대승불교의 기원을 둘러싼 문제에 점점 이끌리게 되었습니다. 이 문제를 해결하기까지 10년이 걸렸습니다만, 그동안 저는 줄곧 '이러한 인문학적 문제를 과학적 수법을 이용해 실증적으로 해결할 방법이 없을까' 하는 생각을 해왔습니다. 여기서는 제가 생각해낸 방법을 실제 연구가 진전된 과정에 따라 소개하겠습니다. 대승불교가 생겨난 이유에 대한 문제입니다.

제가 율장을 연구하던 중에 우연히 발견한 사실은 바로 '아소카왕• 비문(碑文)'이라는 유명한 자료 속에 담겨 있었습니다. 아소카왕은 2300~2200년 전의 인도에 실존했던 인물입니다. 당시는 석가가 세상을 뜨고 100~200년이 지난 때였습니다. 아소카왕은 인

• Asoka(?~?). 인도 역사상 최초로 통일제국을 건국한 왕. 칼링가Kalinga 왕국을 정복하는 과정에서 수만 명이 목숨을 잃는 참상을 목격하고 불교에 귀의하였으며, 불법에 따른 덕치주의를 추구하였다.

도 전체를 통일한 마우리아 왕조라는 대제국의 제3대 지배자였습니다. 그가 열렬한 불교 신자였던 덕분에 이전까지는 비주류였던 불교가 인도에서 하나의 종교로 격상되었다고 일컬어집니다.

아소카왕은 자신의 업적과 정치 이념, 종교적 체험 등을 후세에 남기기 위해 자신의 어록을 바위에 새겼습니다. 그런 바위가 현재도 인도 전역 40여 곳에 남아 있어서 불교뿐 아니라 인도사 연구 전반에 대단히 중요한 사료로 역할을 하고 있습니다. 영국의 고고학자가 그 비문의 해독에 성공한 것은 1837년이었습니다. 앞면에는

도표4-2 **아소카왕 비문**

출전: Eugen Hultzsch, Inscriptions of Asoka. New EditionOxford: The Clarendon Press, 1925, pp. 162

현대와 가까운 문자가, 뒷면에는 비문에 사용된 고대문자가 새겨져 있는데, 그 앞과 뒤가 같은 내용이라 추측하여 읽어보면 비문은 확실한 의미가 담긴 문장이 됩니다.

제가 대학원생이었을 때, 아소카왕 비문의 전문가인 영국의 K. R. 노먼 씨가 교토를 방문했습니다. 당시 저를 지도하셨던 가지야마 유이치 교수님께서 제게 노먼 씨 강연 때 질문을 해보라 권하셨고, 저는 이를 계기로 아소카왕의 비문을 읽기 시작했습니다. 강연의 주제는 비문에 담긴 '분열법칙(分裂法勅)' 문서에 대한 것이었습니다.

분열법칙은 불교 승단, 다시 말해 승가의 분열을 막기 위한 아소카왕의 명령문입니다. 열렬한 불교 신자였던 아소카왕이 그러한 칙령을 내렸다면 석가의 죽음으로부터 100~200년이 지났을 무렵의 승가에는 이미 분열의 위험성이 도사리고 있었다는 말이겠지요.

'분열법칙'의 세 가지 수수께끼

칙령의 첫머리에는 '천애가 명령하노라', '파탈리푸타Pātaliputta의 고관들은 명령을 받을지어다'라고 쓰여 있습니다. 천애(天愛)는 아소카왕 자신을 뜻합니다. 파탈리푸타는 파탈리푸트라Pātaliputra로도 불리는 지명으로, 그곳의 관리에게 왕이 내린 명령이라는 사실을 명기한 셈입니다. 다음과 같은 내용이 이어집니다.

어떠한 자라도 승가를 분열케 해서는 안 된다. 비구든 비구니든 승가를 분열케 할 가능성이 있는 자는 흰옷을 입혀 승가의 거주지와 떨어진 곳에 살게 하라. 위의 칙령은 비구 승가와 비구니 승가에 반드시 알리도록 하라. 이상이 천애가 고하는 바다.

비구(比丘)는 남자 승려, 비구니(比丘尼)는 여자 승려를 말합니다. 승려는 노란 옷을 입으니 '흰옷'은 속인을 뜻하지요. 다시 말해 승가를 분열케 하려는 승려가 있으면 환속시키라는 의미입니다. 칙령 자체는 여기서 끝입니다만, 비문에는 관청에 내리는 지시인 듯한 문구가 그 아래에 쓰여 있습니다. 필시 비문으로 새길 필요는 없었던 보충 사항을 실수로 고스란히 새기고 만 겁니다.

이 칙령을 베껴서 한 통을 관청에서 맡아 그대들의 수중에 보관하도록 하라. 또한 같은 칙령 한 통을 우바새(優婆塞, 속세의 불교 신자)에게 맡기도록 하라. 그리고 이 우바새는 재일(齋日)마다 이 법칙을 viśvās(비슈바스)하기 위해 가야만 한다. 각 고관 또한 재일마다 규칙적으로 이 법칙을 viśvās하고, ājñā(아즈나)하기 위해 포살(布薩)을 가야 한다.

재일이란 1개월에 5~6회 마련되는 특별한 날로, 현대에 통용되는 정진일•과 비슷합니다. 포살은 승가에서 보름마다 실시되는 참

• 精進日. 불교에서 석가의 삶을 본받아 불도를 닦는 날을 뜻한다.

회 의식을 뜻하지요. 승가의 구성원은 그때 반드시 한 장소에 모입니다. 1개월에 2회, 그 승가에서 생활하는 승려가 모두 집합하는 날이 있다는 말입니다. viśvās에 대해서는 차후 말씀드리도록 하겠습니다.

노먼 씨는 이 분열법칙에 몇 가지 의문점이 있다고 했습니다.

첫 번째로 '살게 하라'의 표현입니다. 일반적으로 생각해보면 승가를 분열케 한 승려는 악인이니 환속시켜서 밖으로 내쫓아 마땅합니다. 그런데 칙령에서는 '쫓아내라'는 말 대신 '살게 하라'는 표현을 쓰고 있습니다. 단순한 배제가 아니라 생활의 편의를 도모해주는 듯한 뉘앙스가 느껴집니다.

두 번째 문제는 승가의 규칙을 정해놓은 '율장'과 분열법칙의 관련성입니다. 율장은 승가의 자치를 위한 법률로, 나쁜 짓을 저지른 승려를 추방한다는 규칙도 포함되어 있습니다. 하지만 추방의 주체는 어디까지나 승가인 데 비해 분열법칙의 주체는 승가가 아닙니다. 왕이 직접 쫓아내라는 명령을 내렸다면 자치 조직인 승가에 대해 국왕이라는 외부 권력이 간섭하는 듯한 모양이 되지요. 권력의 간섭을 인정하면 불교의 법률인 율장이 성립하지 않습니다.

세 번째로 'viśvās'입니다. viśvās는 본래 '신뢰케 하라'는 뜻입니다만, '재일마다 이 법칙을 신뢰케 하라'는 무슨 뜻인지 잘 이해가 되지 않습니다. 누구에게 무엇을 '신뢰케 하라'는 말인지, 그 점을 도무지 이해하기 어렵다는 말입니다. 대체 어떻게 해석하면 좋을까요. 또한 우바새와 관리 모두가 법칙을 viśvās한다, 즉 신뢰케 하기 위해 승가의 참회 의식에 참가한다는 말이 무슨 의미인지도 모르겠습니다.

『마하승기율』에 기록된 '파승'의 기묘한 규칙

분열법칙에 대한 강연을 들은 지 몇 개월이 지났을 무렵, 저는 전공 분야인 '율장'에 관한 자료를 읽고 있었습니다. 제2부에서 말씀드렸듯이 불교 승가가 있는 곳에는 반드시 율장이 있어야 합니다. 연구의 기초 작업으로 율장을 꾸준히 읽고 있었던 것이죠.

도표4-3 완전한 형태로 현존하는 율장

상좌부계 율장(上座部系律藏)	대중부계 율장(大衆部系律藏)
●「팔리율(Pali律)」	●「마하승기율(摩訶僧祇律)」
●「사분율(四分律)」	
●「오분율(五分律)」	
●「십송률(十誦律)」	
●「근본설일체유부율(根本說一切有部律)」	

현재 완전한 형태로 존재하는 율장은 〈도표4-3〉에서 제시된 여섯 가지입니다. 『팔리율』은 팔리어라는 고대 인도어로 쓰인 율장입니다. 스리랑카나 태국의 불교 승가에서 지금까지도 이용되고 있습니다. 『사분율』, 『오분율』, 『십송률』, 『근본설일체유부율』의 네 가

지는 모두 인도어에서 중국어로 번역된 율장입니다. 그중 『근본설일체유부율』은 티베트어로도 번역되어 지금의 티베트 불교에서 사용되고 있습니다.

이상의 다섯 가지는 모두 '상좌부계 율장' 계통에 속해 있습니다. 조금 전에 『도사』에 입각한 불교의 분파도를 보여드렸습니다만, 그 분류는 본래의 불교가 '상좌부'와 '대중부'로 나뉜 시점에서 시작되었습니다. 그 두 가지가 저마다 다양하게 나뉘어서 스무 개에 가까운 분파로 거듭난 셈이죠. 그리고 조금 전에 언급한 다섯 가지의 율장은 모두 '상좌부' 계통에 속해 있습니다만, 마지막에 나온 『마하승기율』만큼은 '대중부' 계통입니다.

이들 여섯 가지는 큰 뿌리인 율장에서 나왔으므로 안에 담긴 내용은 같습니다. 하지만 석가 이후로 오랜 세월이 지나는 사이에 다양한 정보가 가미되면서 각기 다른 개성을 지니게 되었고, 그에 따른 차이점도 무척 많아졌습니다.

노먼 씨의 강연을 듣고 나서 제가 읽은 율장은 우연찮게도 바로 『마하승기율』이었습니다. 『마하승기율』 제26권에는 '파승(破僧)'에 관한 법칙이 쓰여 있습니다. 파승이란 승가의 분열, 즉 분열법칙이 금했던 그 행위를 뜻합니다. 원전은 한문이므로 여기서는 번역문으로 소개하겠습니다.

만약 누군가가 파승하려 한다는 사실을 알았다면 비구들은 (그 사람에게) 다음과 같이 말하라. '자네, 파승해서는 안 돼. 파승은 큰 죄악이야.

악의 길에 떨어져 지옥으로 가게 된다네. 자네에게 의발•을 주지. 경을 전수하고 경을 읽어주겠네. 모르는 부분이 있거든 알려주지(그러니 파승하지 말게).'

그럼에도 말릴 수 없다면 힘 있는 우바새에게 다음과 같이 말하라. '이러한 자가 파승하려 하고 있습니다. 가서 타이르고 막아주십시오.' 우바새는 (그 못된 비구에게 가서) 다음과 같이 말하라. '이보시오, 파승해서는 안 됩니다. 파승은 큰 죄입니다. 악의 길에 떨어져 지옥으로 가게 됩니다. 당신을 위해 의발과 약을 드리겠습니다. 만약 출가생활을 계속하고 싶지 않다면 환속하십시오. 제가 색시를 알아보고 필요한 물건을 구해드리지요(그러니 파승은 그만두십시오).'

그럼에도 말리지 못할 때는 사라주(舍羅籌, 수를 계산할 때 사용하는 봉)를 사용한 의결에 부쳐서 제명하라. 제명한 다음에는 (승가에) 다음과 같이 포고하라. '여러분, 파승을 꾀하는 자가 있으니 그 자가 오거든 조심하십시오.'

이처럼 예방했음에도 파승했다면 이를 '파승'이라고 한다. (이러한 파승 승단에) 보시했을 때도 '양복전(良福田, 복을 받는다)'이라 할 수 있다. (이러한 파승 승단에서) 구족계(具足戒, 정식으로 출가자가 되기 위한 의식)를 받았을 때도 '선수구족(善受具足)'이라 할 수 있다(유효하다). 만약 (그곳이 파승 승단이라는 사실을) 알았거든 바로 떠나라. 떠나지 않는 이는 '파승반(破僧伴, 파승의 동료)'이라고 불리게 된다. 이러한

• 衣鉢. 승려들 옷인 가사(袈裟)와 공양 그릇인 발우(鉢盂)를 통틀어 지칭.

파승의 동료들과는 결코 함께 이야기를 하거나, 함께 살거나, 함께 밥을 먹어서는 안 되며, 함께 불 · 법 · 승을 해서는 안 된다. 또한 포살, 안거•, 자자••나 그 외의 공동회의를 함께 해서는 안 된다. 다른 외도출가인(外道出家人)에게는 '자리가 있습니다. 앉으시지요' 하고 말해도 무방하나, 파승인에게는 그 같은 말을 건네서는 안 된다.

대단히 이해하기 힘든 내용입니다. 승가를 분열케 하는 못된 출가자를 제명하고 쫓아내라 했으면서 그들에게 보시하면 복을 받는다고 말하고, 그들에게서 승려가 되기 위한 의식을 받을 수도 있다고 하니 모순이지요.

'아소카왕 비문'의 세 가지 수수께끼

하지만 이 대목을 읽고 비로소 아소카왕 비문의 '첫 번째 수수께끼'가 풀렸습니다. 『마하승기율』에는 파승하려는 자가 있으면 유력한 우바새에게 돌보게 하고 편한 생활을 보장한다는 조건으로 환속게 하라고 나와 있습니다. 이와 같이 정해두면 불만분자는 승가를 분열시키는 대신 속세에서의 편한 생활을 선택할시노 보듭니다. 유력한 우바새로 하여금 '환속하여 속세의 삶으로 돌아가면 편

• 安居. 승려들이 한곳에 모여 외출을 금하고 수행하는 제도.

•• 自恣. 불교에서 승려들이 허물을 지적해 주고 받는 의식.

하게 지낼 수 있다'라는 대안을 제시하게 해 불만분자를 승가에서 배제하겠다는 방안이지요.

이로써 비문에 쓰인 '살게 하라'는 말의 의미가 명확해졌습니다. 유력한 불교 신자였던 아소카왕이 가신에게 "파승하려는 수행자가 있거든 환속게 하여 생활을 돌보라"라고 말했다면 이는 틀림없이 '쫓아내라'는 의미가 아닌 '살게 하라'는 의미로 받아들여야 하겠지요.

또한 이 내용만 놓고 보자면 파승자를 쫓아내는 주체는 어디까지나 승가입니다. 우바새는 환속을 도와 사태의 수습에 힘을 보탤 뿐입니다. 그리고 아소카왕의 분열법칙도 이 『마하승기율』의 내용에 미루어보면 국왕이 파승자를 추방하겠다는 것이 아니라 환속 후의 생활을 보장하여 승가에 협력하겠다는 내용이라고 이해할 수 있습니다. 그런 관점에서 보면 '두 번째 수수께끼'도 해결됩니다.

그럼 '세 번째 수수께끼'인 viśvās는 무슨 의미일까요? 『마하승기율』에 따르면 이러한 상황을 상정하고 있습니다. 보름마다 열리는 승가의 참회 의식(포살)에 아소카왕의 칙령을 지참한 관리가 참가합니다. 그 자리에 파승하려는 자가 있을 때, 승가의 구성원은 그 사람에게 "저 관리가 들고 있는 칙령에는 환속하면 하나부터 열까지 모두 돌봐주겠다고 쓰여 있네. 그러니 파승은 그만두고 환속하게나"라고 설득합니다. 이렇게 생각해보면 '신뢰케 하라'는 의미인 'viśvās'도 이해할 수 있습니다. 관리가 지참한 칙령이 파승을 막기 위한 보증서인 셈이지요.

과학자의 관점에서도 이해할 수 있는 가설

이것은 아소카왕 비문과 불교 율장의 직접적인 대응을 발견한 첫 사례가 되었습니다. 저는 이 사례를 토대로 연구를 발전시키기에 앞서 '지금부터 세울 가설은 과학자가 보더라도 이해할 수 있어야 한다'라고 생각했습니다. 특이한 발상일지도 모르겠습니다만, 애당초 저는 이과 출신이니 자연과학 논문에 대한 동경이 있지 않았을까요. 자신의 연구를 가능한 한 과학적인 방법으로 구축하고 싶다는 강한 의지가 솟아났다는 말입니다.

불교학뿐만 아니라 인문학은 일반적으로 되도록 많은 정보를 모으고, 그 모든 정보를 사용해 가설을 수립하는 것이 기본적인 패턴입니다. 쉽게 말해 정보의 '양'으로 승부를 내는 세계지요. 그러니 이번 연구에서 가설을 구축하려면 아소카왕에 대한 자료나 율장에 관한 문헌을 잔뜩 모아서 통합해야 합니다. 하지만 저는 그러한 방식에 거부감을 느꼈기 때문에 더욱 논리적으로 실증하는 방법을 취해야 한다고 생각했습니다.

그래서 저는 가장 먼저 아소카왕 비문과 『마하승기율』의 공통점에 주목했습니다. 이들은 모두 역사서가 아닙니다. 역사서란 역사를 논하고자 하는 의지에서 비롯된 책을 말합니다. 반면에 비문과 율장은 그 자체가 역사의 일부인 귀중한 사료지만 역사를 논하기 위해 쓰인 책은 아닙니다.

고대 인도의 역사서는 결코 역사를 있는 그대로 기록하기 위해서가 아니라, 저자의 권위에 근거를 부여하기 위해 만들어진 책입니다. 따라서 역사서에 담긴 정보를 그대로 믿고 사용할 수는 없습니다. 하지만 비문이나 율장에서 추출된 정보는 그러한 의도와는 거리가 멉니다. 그때, 그 상황 속에서 특정한 이유로 남긴 문헌이 우연히 역사적 정보를 담고 있었다는 말이니 역사적 사실이 의도적으로 왜곡되었을 가능성이 낮으므로 역사적 신빙성이 높습니다. 같은 문헌 자료라도 역사적 신빙성에는 높고 낮음의 두 가지 수준이 있는데, 저는 우연찮게 수준 높은 자료 두 가지를 손에 넣은 셈이지요.

그렇다면 앞으로도 가설이 형성되기 전까지는 역사서를 사용하지 말자. 저는 그렇게 결정을 내렸습니다. 역사서는 가설을 수립한 이후에 살펴보겠다는 것입니다. 그렇게 하면 자신의 가설을 역사서와 대조하여 검증할 수 있게 됩니다. 그래서 저는 분열법칙과 『마하승기율』 제26권 일부의 관련성을 제시한 첫 번째 논문의 말미에 '앞으로도 역사서를 사용하지 않고 가설을 세우겠다'라는 선언문을 남겼습니다.

'파승'이란 개념의 재검토

다음으로 착수한 주제는 '파승이란 개념의 재검토'였습니다. 애당초 승단, 다시 말해 승가의 분열이란 무엇인가. 그 정의를 기초부터 다시 살펴보기로 했습니다.

여섯 가지의 율장 중 하나인 『십송률』 제37권에는 파승의 정의가 나와 있습니다. 그에 따르면 우팔리•라고 하는 제자가 석가에게 파승의 조건이 무엇이냐고 묻자, 석가는 14개의 원인 중에서 하나가 해당하면 파승이라고 대답했습니다. 그리고 석가는 '그릇된 말을 옳은 가르침이라 주장하는 것', '옳은 가르침을 그릇된 말이라고 주장하는 것' 등 14개의 원인을 열거하며 이렇게 말했습니다.

> 만약 여기 있는 비구가 그릇된 말을 바른 가르침이라 주장하고, 그릇된 말로 비구들을 교화하고 설득하여 승가를 분열케 하였다면 승가가 분열된 시점에 그는 큰 죄를 저지른 셈이 된다. 큰 죄를 저질렀다면 일겁(一劫) 동안 아비지옥(阿鼻地獄)에 떨어진다.

아비지옥이란 일본에서 흔히 쓰이는 '무간지옥'••과 같습니다. 일겁은 수십억 년과 같은 기나긴 시간을 말합니다. 파승은 그만큼 큰 죄라는 뜻입니다. 또한 석가는 다음과 같이 말했습니다. 파승의 정의에서도 핵심적인 부분입니다.

• Upāli(?~?). 석가의 십대 제자 중 한 명. 노예 계급인 수드라 출신으로, 궁정의 이발사였다고 한다.

•• 無間地獄. 불교에서 말하는 지옥 중에서도 가장 고통이 극심한 지옥으로, 무간이라는 이름이 붙은 이유는 고통이 끊임없이 이어지기 때문이다.

우팔리야, 두 조건이 모였을 때 파승이라고 한다. 바로 창설(唱說)과 취주(取籌)다. 창설이란 승가 안에서 '나는 다음과 같이 제언합니다' 하고 세 번 그릇된 말을 제언하는 것이다. 취주란 그릇된 말에 찬동하는 자에게 찬동의 증거로 주(나무 막대기)를 집게 하는 것이다.

요컨대 석가의 가르침에 반하는 그릇된 말을 주장하고 동료를 모아 승가에서 나가는 행위를 파승이라 부르는 셈입니다. 이것이 『십송률』에서 말하는 파승의 정의입니다.

그럼 조금 전에 언급한 『마하승기율』에서는 파승을 어떻게 정의하고 있을까요. 여기서는 석가가 우팔리에게 이런 말을 남겼다고 쓰여 있습니다.

승가 안에서 다툼이 일어났다 하여도 그 승가가 하나의 계(界) 안에서 함께 거주하며 설계(說戒, 포살 의식) 및 갈마(羯磨, 승가 구성원이 모두 모여서 하는 회의)를 함께 행하는 한 파승은 아니다. 하나의 계 안에서 따로 포살, 자자, 갈마를 행하여야 파승이다.

여기서 말하는 '계'란 승가의 영역을 뜻합니다. 일본의 절을 생각해보면 경내에 해당하지요. 예를 들어 도다이사• 같은 절을 보면 계의 범위가 명확하게 정해져 있습니다. 일본의 불교에는 승가가

• 東大寺. 745년에 창건된 일본 불교 화엄종의 대본산. 1998년에는 유네스코 세계문화유산으로도 지정되었다.

없습니다만, 승가란 원래 정해진 계 안에서 함께 생활하는 조직입니다. 그 영역 안에서 함께 의식이나 회의를 하면 파승은 아니라는 말이니 『십송률』에서 내린 정의와는 꽤 다르다는 사실을 알 수 있습니다. 『마하승기율』에서 내린 정의로는 가르침의 옳고 그름과 파승은 무관합니다. 믿는 가르침이 다르더라도 포살, 자자, 갈마와 같은 집단행사를 함께 하기만 하면 파승은 아니라는 뜻이지요.

'차크라베다'와 '카르마베다'

이처럼 파승에는 두 가지 정의가 있다는 사실이 드러났는데, 아직은 제 착각일지도 모릅니다. 실제로는 같은 정의인데 표현의 차이 때문에 다르게 받아들였을 가능성도 있습니다. 하지만 파승의 정의가 두 가지였다는 사실을 분명하게 뒷받침하는 증거가 발견되었습니다. 제2부에 소개한 불교철학서 '아비달마'입니다. 아비달마에는 다음과 같은 내용이 쓰여 있습니다.

> 어떤 사람이 승가의 구성원에게 '부처와는 다른 스승을 섬긴다'라고 승인을 받고, 그 사람의 주장이 부처의 법과는 다르다고 승인을 받으면 비로소 파승이며 파법륜(破法輪, 차크라베다, cakrabheda)이라고 인정을 받게 된다. 왜냐하면 그때 부처의 법륜이 파괴되기 때문이다.

'부처의 법륜'이란 부처의 가르침을 뜻합니다. 그 가르침을 파괴한다는 말은 그릇된 주장을 하고 동조자를 모은다는 뜻으로도 해석됩니다. 이 해석은 『십송률』에서 말하는 파승의 정의와 일치합니다. 또한 여기서는 그러한 파승에 '차크라베다'라는 이름이 있다는 사실도 알 수 있습니다. 그러나 아비달마에서 말하는 파승의 정의는 여기서 끝이 아닙니다. 아비달마는 또 다른 파승이 있다고 말합니다.

> 또 다른 파승은 파갈마(破羯磨, 카르마베다, karmabheda)에 따라 성립된다. 만약 하나의 계 안에서 따로 갈마를 행한다면 그것은 파갈마다.

이제 아시겠지요. 이쪽은 『마하승기율』에서 말하는 파승의 정의와 같습니다. 파승에는 석가의 가르침에 위배되는 주장을 하는 '차크라베다'와 회의나 의식 등을 따로 치르는 '카르마베다'의 두 가지가 있습니다. 아비달마가 작성되었을 당시 인도에서는 이미 그렇게 인식되고 있었던 것입니다.

이어서 아비달마에서는 '부처가 처음으로 불교를 만들고, 아직 승가가 완성되지 않았을 때'나 '부처가 열반에 들어 이 세상에서 사라진 다음'에는 차크라베다가 벌어지지 않는다고 말합니다. 승가가 아직 존재하지 않던 시점에는 물론, 석가가 세상을 뜬 이후에도 차크라베다는 벌어지지 않으니 석가가 죽은 이후에 일어나는 파승은 카르마베다뿐이라는 말이 됩니다.

어째서 석가가 세상을 뜨면 차크라베다가 일어나지 않는다는 걸까요. 석가의 가르침이 남아 있는 한 그 가르침에 반하는 주장을 할 수도 있을 텐데, 왜 차크라베다가 일어나지 않을까요. 아비달마에서는 '부처가 살아 있을 때는 차크라베다가 있었지만 부처가 떠난 뒤에는 카르마베다만이 일어났다'라고 주장합니다. '그러니 지금 현재 벌어지는 파승은 카르마베다뿐이며 차크라베다는 과거의 유물이다'라고 하는 것입니다. 이 말은 본래 차크라베다였던 파승의 정의가 이후의 시대에 접어들어 카르마베다로 교체되었다는 역사적 흐름을 정당화하기 위한 변명이지요.

파승의 정의가 바뀌었음을 뒷받침하는 증거들

그 뒤로도 다양한 문헌을 비교하고 분석한 결과, 차크라베다는 파승의 오래된 정의이며 차크라베다가 점차 카르마베다로 바뀌어갔다는 사실이 밝혀졌습니다. 처음에는 '가르침이 달라서는 안 된다'였던 규칙이 '가르침은 달라도 무방하지만 의식에는 꼬박꼬박 참가해야 한다'라는 규칙으로 바뀐 것입니다.

예를 들어 『팔리율』에는 파승의 두 가지 정의가 섞여 있었습니다. 파승을 정의한 글을 보면 파승은 '그릇된 가르침을 옳다고 주장하는 등 18종류의 잘못된 견해를 주장하는 자가 개별적으로 집단행동을 취하는 것'이라고 쓰여 있습니다. '그릇된 가르침을 주장한다'라는 조건과 '행사를 따로 치른다'라는 조건이 묶여 있으므로 차크라베다와 카르마베다의 절충형이라고 볼 수 있습니다.

하지만 같은 『팔리율』에 있는 파승의 구체적 사례를 살펴보면 '데바닷타•라는 못된 제자가 다섯 가지 그릇된 주장을 펼치며 동료를 모아 독립했다. 사건의 전모는 이러하다'라고 쓰여 있습니다. 이쪽은 오로지 차크라베다입니다. 같은 책의 동일한 율장 안에 '차크라베다와 카르마베다의 절충형'과 '차크라베다의 단독형'이라는 두 가지 형태가 나타나 있습니다. 여기서 문제는 두 가지 정의 중 어느 쪽이 더 오래되었는가 하는 점이지요.

이를 판단하기 위해 후대에 작성된 『팔리율』의 주석서를 이용했습니다. 율장이 성립되고 700~800년 뒤에 쓰인 주석서를 보면 오로지 차크라베다에 따른 파승이었던 '데바닷타의 파승 사건'에 대해 다음과 같이 쓰여 있습니다.

> 들은 바에 따르면 데바닷타는 그처럼 취주한 뒤, 그 자리에서 개별적으로 집단행사를 벌인 다음 떠났다고 한다. 그것이 이 이야기의 의미다.

'들은 바에 따르면'이라는 말은 '따로 쓰여 있지는 않으나'라는 뜻입니다. 경전이나 율장 등의 문헌에는 나와 있지 않지만 아무튼 데바닷타는 동료와 개별적으로 집단행사를 벌였다고 우기는 것이

• Devadatta(?~?). 석가의 사촌동생. 석가의 제자였지만 그 가르침에 반발하여 석가의 추종자 중 500여 명을 이끌고 승가를 탈퇴하였다.

지요.

『팔리율』을 읽어보면 '데바닷타 파승 사건'에 대한 기술은 오로지 차크라베다에 따른 파승이라 해석할 수밖에 없음에도 이 주석서는 본문을 곡해하면서까지 카르마베다가 파승의 정의라고 주장합니다. '옛 율장에는 차크라베다라고 표현되어 있지만 사실은 카르마베다였다'라고 말하는 셈입니다. 주석서는 『팔리율』보다도 훨씬 이후에 쓰인 책이니 본래의 정의였던 차크라베다가 이후에 카르마베다로 바뀌었다는 사실을 알 수 있습니다.

이와 같은 흐름을 보이는 문헌은 『팔리율』뿐만이 아닙니다. 다른 문헌을 분석했지만 모두 차크라베다에서 카르마베다로 변하는 흐름이었고, 반대의 흐름을 보이는 사례는 없었습니다. 초기 불교계에서는 차크라베다가 파승의 정의였기 때문에 석가의 가르침과 다른 주장을 펼치며 승가를 분열시키면 지옥에 떨어진다고 여겼습니다. 하지만 어느 시점부터 모종의 이유로 파승의 정의를 카르마베다로 바꾸었지요. '서로의 주장에 차이가 있더라도 상관없다. 함께 모여서 행사를 치르면 승가는 일치단결하는 셈이다. 행사를 따로 치르는 것이야말로 파승이다'라는 가르침으로 바뀐 것입니다.

이러한 변경에 가장 열을 올렸던 부파는 『마하승기율』을 사용했던 대중부입니다. 『십송률』을 사용했던 부파는 이 흐름에 저항하여 차크라베다를 꾸준히 지켜왔지만 아비달마가 제작된 시기에는 마지못해 카르마베다를 받아들였습니다. 파승의 두 가지 정의가 병기된 아비달마를 쓴 것은 『십송률』을 사용한 집단이었습니다. 필시

이 시점에 모든 불교계가 카르마베다를 파승의 정의로 받아들이게 되었겠지요.

아소카왕 비문과 파승의 정의가 바뀐 현상

그렇다면 파승의 정의가 바뀐 현상과 아소카왕 비문은 어떤 관련이 있을까요? 그전까지의 연구에서는 밝혀지지 않았습니다. 그 관련성을 밝히기 위해 저는 『마하승기율』의 구조를 꼼꼼하게 조사했습니다. 『마하승기율』은 율장 문헌 중에서도 독특한 구조를 보이고 있습니다. 예를 들자면 다른 율장에서는 모두 ABCDE의 순서로 쓰여 있는 내용이 『마하승기율』만큼은 ACDBE 순서로 쓰여 있다는 말이지요. 이러한 구조상의 특이점을 추적한 결과, 『마하승기율』이 지금과 같은 기묘한 구조를 지니게 된 주된 원인은 갈마를 체계적으로 설명하기 위해 갈마에 관한 기술만을 억지로 한곳에 모으려 한 데에 있다는 사실이 판명되었습니다. 파승의 새로운 정의인 카르마베다는 승가의 구성원이 치르는 행사, 즉 갈마의 참가를 가장 중시했기 때문에 『마하승기율』의 재편이 파승의 정의가 바뀌게 된 현상과 밀접한 관련이 있음은 분명하겠지요.

그리고 여기서 중요한 점은 아소카왕의 분열법칙에 대응하는 제26권의 한 구절을 재편 작업 중에서도 가장 핵심적으로 다루었다는 사실입니다. 아소카왕 비문에서 이해하기 힘든 부분은 파승하려는 자를 환속게 하여 '살게 하라'는 대목이었는데, 그 의미는 『마하승기율』의 제26권에 언급된 '유력한 우바새가 파승하려는 자를 위해 신붓감을 알아보고 필요한 물건을 마련해주도록 하라'는 부분을 통해 이해할 수 있었습니다. 『마하승기율』의 전체적인 구조를 살펴보면 제26권에서 위의 기술이 나오는 부분까지는 갈마에 관한 내용이 무척 많았고, 그 이후로는 갈마 관련 정보가 전혀 보이지 않습니다. 후대에 내용을 인위적으로 조작하면서 갈마에 대한 정보를 첫머리에 모아 체계적으로 설명하고, 그 마지막 부분에 아소카왕 비문과 대응하는 구절을 배치한 것입니다.

종교적 속박에서 풀려나자 불교에 생긴 일

이 가설을 전제로 생각해보면 다음과 같은 결론을 도출할 수 있습니다.

아소카왕 시대에 지리적으로 분산되어 있었던 불교 세계에서 규모는 확실치 않지만 어떠한 분쟁이 벌어졌고, 서로가 정당성을 주장하며 대립하였습니다. 이 시점까지 파승의 정의는 차크라베다였습니다. 석가의 가르침과 다른 주장을 펼치는 일이 파승이므로 대립하는 집단은 서로가 상대방을 파승 집단으로 간주하여 비난했겠지요.

이때 아소카왕이 등장하여 파승 상태를 해소하고자 힘썼습니다. 이를 위한 수단이 바로 비문에 남겨진 분열법칙입니다. 분열법칙에 따라 "환속하면 자신이 돌봐줄 테니 다툼을 그만두어라"라고 타일렀습니다. 이 대책이 실제로 효과를 거두었는지는 알 수 없습니다만, 아무튼 왕이 직접 화해를 권했으니 가벼이 넘길 일은 아니었겠죠.

권고를 받은 각 집단은 화해를 위한 의식인 화합포살(和合布薩)을 실시했고, 파승의 정의를 카르마베다로 변경했습니다. '서로의 주장이 다르더라도 행사만 함께 치른다면 그 승가는 하나로 이어진 셈이다'라는 새로운 공통 인식을 도입하여 교리를 일체화하지 않고도 화합하는 방안을 찾아냈다는 말입니다. 의견은 대립하더라도 행사만 함께 하면 파승은 아니라는 새로운 운영 방식이 도입된 것이지요. 이로써 불교는 현 상태를 유지하며 하나로 정리되었습니다.

『마하승기율』 제26권에서 '승가를 분열케 하는 자를 제명하라'라고 밝혔으면서 한편으로는 '제명된 자에 대한 보시는 유효하며, 그들에게 승려가 되기 위한 의식도 받을 수 있다'라고 하니 내용에 모순이 발생한다고 지적한 바 있습니다만, 이 또한 위와 같은 상황을 고려하면 해결됩니다. 본래의 차크라베다였다면 극악한 자로서 제명되어야 할 파승인도 파승의 정의가 카르마베다로 변경된 시점에는 같은 불교계의 동맹으로 인정해야만 하지요. 여기에는 그 전환기의 모습이 드러나 있습니다.

이 시점에 불교는 종교적 속박에서 풀려났다고 볼 수 있습니다.

아무리 석가의 가르침과 다르게 주장하는 사람이 나타나더라도 행사에만 얼굴을 내밀면 그를 배제할 수가 없게 되었습니다. '모두 친하게 지내라'는 선의로 가득한 마음에서 비롯된 규제 개혁이 불교의 독자성을 빼앗고 무서운 다양화의 길을 터주고 만 것입니다.

이처럼 불교계는 파승의 정의가 차크라베다에서 카르마베다로 변경되면서 '가르침의 단일성'이라는 본래의 속박에서 풀려나게 되고, '행사의 공동 참가'라는 더욱 느슨한 또 다른 동아줄에 묶이게 되었습니다.

그 결과, 석가의 가르침과는 다른 교리가 발생하고 받아들여지는 현상이 불교계 전반에 동시다발적으로 벌어지게 되었지요. 그것이 바로 대승불교입니다. 『반야경(般若經)』, 『법화경(法華經)』, 『아미타경(阿彌陀經)』과 같은 다양한 가르침이 모두 불교로 인정받게 되었고, 그 가르침들이 이후 '대승불교'라는 총칭으로 불리게 된 것입니다. 대승불교의 출현은 아소카왕 시대로부터 약 200년 뒤의 일입니다만, 그 계기를 만든 이는 아소카왕이었다고 볼 수 있습니다.

인문학의 영역에서도 필요한 과학적 검증

이상이 아소카왕 비문과 『마하승기율』의 대응관계를 발견하여 제가 세운 가설입니다. 그리고 앞서 말씀드렸듯이 이 가설에는 역사서에 기록된 정보가 전혀 사용되지 않았으므로 이후에 역사서를 토대로 검증 작업을 실시할 수 있었지요. 여기에 대해 다시 말씀드리겠습니다.

고대 인도에서 쓰인 불교 역사서는 여러 권이 남아 있으며 기존의 연구자들은 역사서에 실린 정보를 기반으로 삼아왔습니다. 당연하다면 당연한 일이겠죠. 하지만 앞서도 언급했듯이 역사서란 '역사를 기록하자'라는 뜻을 지닌 사람이 쓴 책이기 때문에 그 안에는 당연히 '우리들에게 유리한 역사를 남기자'라는 의지가 깃들게 됩니다. 현대의 객관적인 역사학과는 다르게 고대 인도에서 역사를 기록한다는 것은 다시 말해 '우리들의 정당성을 주장하기 위해 우리들에게 유리한 역사를 만드는' 행위였던 셈입니다.

이번 연구에서 최초로 사용된 정보의 출처는 다행히 아소카왕 비문과 『마하승기율』이라는, 역사를 만들자는 의지가 내포되지 않은 자료였으므로 이 점에 착안하여 그 후에도 그러한 자료만을 이용해 가설을 구축했습니다. 역사서에 실린 정보를 일부러 무시하고 이용하지 않았다는 말입니다. 그 결과 앞서 나온 가설을 세울 수 있었지요.

가설을 세운 다음에는 어떻게 해야 할까요. 저는 다음과 같이 생각했습니다.

만약 제 가설이 옳다면 그 가설에는 곡해되거나 왜곡되지 않은 객관적 역사가 드러나 있다는 말이 됩니다. 그러니 가설을 역사서에 적힌 내용과 비교해보면 당연히 곳곳에서 차이점이 발견되겠지요. 제 가설과 역사서 속 역사와의 차이는 어째서 발생했을까요. 주된 원인은 앞서 말한 '우리들에게 유리한 역사를 만들자'라는 의지에서 비롯된 왜곡입니다. 그렇다면 자신들에게 유리하도록 역사를 왜곡하는 과정에서 제 가설과 역사서 사이에 차이가 발생했다는 말이 되겠지요. 그러니 전체적인 재검토 작업을 통해 그 차이점이 역사서를 기록한 사람에게 유리한 방향으로 왜곡되어 작용하는지 판정을 내려야 합니다. 명확한 결과가 나오는 작업이죠.

만약 그 차이점이 역사서를 기록한 이의 정당성을 뒷받침하는 데 아무런 도움이 되지 않는다는 결과가 나온다면 제 가설이 틀린 셈입니다. 비교를 위한 근거로 사용된 제 가설이 잘못되었기 때문에 실제로 역사서에는 왜곡된 부분이 없는데도 왜곡되었다는 판단을 내리고 만 것이죠.

이와 같은 원리로 역사서에 담긴 정보를 이용하면 가설의 진위를 검증할 수 있습니다. 과학 실험과 같은 검증 작업을 실시하기 지극히 곤란한 인문학의 영역에서도 상황에 따라서는 이러한 형태로 검증이 이루어질 수 있습니다. 이것이 바로 이번 연구를 통해 주장하고 싶었던 가장 중요한 점입니다.

불교학자로서의 인생에 가장 큰 수확

저는 검증을 통해 충분히 만족스러운 결과를 얻었습니다. 구체적인 내용을 언급하기에는 지나치게 세부적인 사항이므로 여기서는 생략하겠습니다만, 역사서에서 발견된 많은 차이점이 저자의 시점을 보강하기 위해 왜곡된 부분이라는 사실이 판명되었습니다. 게다가 검증 작업을 거치며 종전의 연구에서는 이해할 수 없었던 역사서의 불분명한 기술이 어떠한 의도로 작성되었는지에 관한 문제도 다수 해결되었습니다.

대승불교의 발생 원인이라는 중대한 문제에 일정한 해답을 제시했다는 점에서도 뜻깊은 일이었지만, 무엇보다 가장 기뻤던 점은 매사에 충분한 주의를 기울이면 인문학 분야에서도 과학적 검증 작업이 가능하다는 사실을 몸소 체험하여 깨달았다는 것입니다. 불교학자로서 살아온 제 인생에 가장 큰 수확이었다고 생각합니다.

약 10년에 걸쳐 완성된 대승불교의 기원에 관한 연구는 2000년에 『인도불교의 변천』이라는 책으로 결실을 맺었습니다. 그 뒤로는 다시금 본래 힘을 쏟던 율장 연구와 새로이 시작한 아비달마 연구에 매진해왔습니다만, 최근에 뜻하지 않은 곳에서 당시의 연구를 뒷받침하는 정보를 발견하여 놀란 일이 있습니다.

자세히 설명할 여유는 없습니다만, 석가가 세상을 뜨고 100년 뒤에 개최되었다 하는 '제2결집'이라는 불교계의 대규모 회의에 관한 기록을 살펴보면, 최근까지 원인이 제대로 밝혀지지 않은 이상한 모순점이 있었습니다. 여기에 제 가설을 적용하니 전체적인 의미가 말끔하게 드러났던 것이지요. 그 발견을 올해에 논문으로 발표했습니다.

오구리 선생님의 초끈이론에 관한 이야기를 들으면서도 느꼈지만, 심혈을 기울여 만들어낸 학설이 어엿하게 성장해나가는 모습을 보노라면 자식이 커가는 모습을 지켜보는 부모처럼 흐뭇한 마음이 듭니다. 앞으로도 가능한 한 인생의 의미가 무엇인지 스스로 찾아가는 삶을 이어나가고자 합니다.

현대과학의 관점에서 바라본 불교

오구리 히로시

2015년 노벨물리학상의 수상 대상이었던 '뉴트리노 진동의 발견'에 혁혁한 공을 세운 고(故) 도쓰카 요지 씨께서 세상을 뜨기 1년 전부터 사용하던 블로그가 있다. 지인에게 자신의 병이 진행되는 상황을 알리기 위한 개인 블로그였는데, 그 내용이 책으로도 출간되었다.

도쓰카 씨는 아사히신문에 연재 중이던 사사키 선생님의 칼럼에 흥미를 느끼고 지인을 통해 사사키 선생님과 만남을 가졌다. 불교는 초월자의 존재를 인정하지 않으며 현상을 법칙성에 따라 설명한다는 이야기를 듣고 '이건 그야말로 현대과학과 같은 원리가 아닌가' 하고 감탄하셨다.

그래서 2014년 가을에 나고야의 주니치 문화센터로부터 사사키 선생님과의 대담을 개최하고 싶다는 제안을 받았을 때 흔쾌히 받아들이기로 했다. 대담을 준비하기 위해 사사키 선생님의 저서를 읽어보니 합리적인 사고방식을 지닌 분이라는 것이 여실히 느껴졌기 때문에 의미 있는 대화를 나눌 수 있지 않을까 하는 기대감이 생겼다. 강좌에서는 불교에 대해 전부터 궁금했던 점을 거침없이 질문했는데, 사사키 선생님은 하나하나 진지하게 대답해주셨다.

"저 자신도 윤회를 믿지 않으니까요."

"이는 다시 말해 제게 사후세계는 존재하지 않음을 의미합니다."

이와 같은 직설적인 답변에 "그렇게까지 말씀하셔도 되겠느냐" 하고 놀라기도 했다.

과거 400년 동안 발전해온 근대과학을 통해 자연계에 대한 우리들의 이해는 크게 발돋움했다. 한편으로는 과학적 발견으로 우리들 인간은 세계의 중심에서 물러나야 했다. 수학적으로 표현된 자연법칙에 따라 기계적으로 움직이는 우주의 무수히 많은 별 중 하나에서 우연히 태어난 우리들은 신과 같은 초월자에게 특별한 사명을 부여받은 존재가 아니다. 전통적인 종교를 믿지 못하게 된 현대인은 '인생의 의미란 무엇인가?'라는 물음에 고민하게 되었다.

그런데 사사키 선생님의 말에 따르면 석가는 이미 2500년 전에 '우주의 중심에 내가 있다는 세계관이 우리들에게 고통을 안겨주는 근본적인 원인이다'라는 사실을 꿰뚫어 보았다고 한다.

이 책에서는 세계를 바르게 봄으로써 착각에서 벗어나고 번뇌를 없애기 위한 석가의 가르침을 현대과학의 관점에서 바라본다. 그리고 합리적인 사고방식을 지닌 현대인이 아무도 살아갈 의미를 부여해주지 않는 세상에서 절망하지 않고 살아가기 위한 방법을 논한다. 그래서 석가의 가르침에 따라 세계를 다시금 바라보는 일은 내게도 생각하는 훈련이 될 수 있었다.

후기

석가의 가르침과 우주물리학

사사키 시즈카

2013년 어느 날, 당시 주니치신문사 문화센터 니시하라 겐지 씨가 내게 주니치 문화센터에서 열리는 강좌를 맡아달라는 의뢰를 했다. '석가의 가르침에 대해 이야기를 해달라'라는 대단히 진지한 요청에 직접 만나 차분하게 기획을 짜보기로 했다. 처음 만나본 니시하라 씨의 성실하고 올곧은 인품에 이끌려 이야기는 점점 나래를 펼쳐 불교에 관한 화제는 어느새 과학으로 옮겨져 있었다.

이러한 연유로 인연이 없었던 주니치 문화센터에서 해마다 한 번씩 불교 이야기를 하게 되었는데, 아무래도 처음 만났을 때 나눈 과학 이야기가 인상에 남았는지 니시하라 씨는 과학자와의 대담회라는 또 다른 기획을 제안했다. '일류 과학자와 함께 불교와 과학의 관련성에 대한 대담을 나눠주지 않겠느냐'라는 말이었다. 그전부터 해마다 몇 번씩 과학자와의 대담회를 열었던 나는 그것이 얼마나 즐거운 경험인지 알고 있었기 때문에 두말 않고 승낙했다. 그런데 대체 누구와 대담을 나누면 좋을지 고민하고 있는데 니시하라 씨에게서 "오구리 히로시 선생님은 어떠신가요?"라는 폭탄 발언이 튀어나왔다.

오구리 선생이라면 쿼크의 존재를 예견했던 저 유명한 머리 겔만의 뒤를 이어 캘리포니아공과대학의 교수직에 취임한 이론물리학자가 아닌가. 서둘러 오구리 선생의 저서를 모두 읽었다. 눈 깜짝할 사이에 초끈이론의 대단함과 재미에 빨려들었고, 현기증이 날 만큼 흥분하여 잠을 이루지 못했다.

2015년 5월 31일에 첫 번째 대담회가 열렸다(대담회는 모두 세 번 개최되었다). 오구리 선생이 세 시간에 걸쳐서 첨단 물리학에 관한 이야기를 하면 중간중간에 내가 질문을 하거나 장단을 맞춰서 분위기를 띄웠다. 이해하기 쉬우면서도 곳곳에서 배려가 느껴지는 이야기 솜씨에서 오구리 선생의 인품을 느끼고 '정말로 잘난 사람은 으스대지 않는다'라는 반가운 원칙을 새삼 확인했다.

그 후로 두 번째 대담회에서는 내가 불교에 대해 이야기를 하면 오구리 선생이 질문하는 형태를 취했고, 세 번째에서는 저마다 자신의 최신 연구에 대해 소개하고 서로가 비평하는 식으로 흘러갔다. 총 세 번의 대담회를 돌이켜보면 석가의 가르침과 우주물리학이라는, 연결되지 않을 성싶은 두 세계가 보드라운 실로 낙낙하게 이어진 듯한 느낌이었다. 니시하라 씨와의 우연한 만남이 돌고 돌아 이런 곳까지 오다니, 이 또한 부처가 맺어준 인연이 아닐까.

처음 대담회가 열릴 때부터 이 기획에 흥미를 가져준 겐토샤의 고기타 준코 씨의 "흔치 않은 기회이니 책으로 만듭시다"라는 말에 가능한 한 대담회의 내용을 따라가는 형태로 책을 내게 되었다.

지구인들을 위한 진리 탐구

초판 1쇄 발행 2018년 11월 20일

지은이 오구리 히로시, 사사키 시즈카
옮긴이 곽범신

발행인 박운미
편집장 류현아
편집 김진희
디자인 [★]규
조판 박종건
교열 김화선
마케팅 김찬완
홍보 이선유

펴낸 곳 ㈜알피스페이스
출판등록 제2012-000067호(2012년 2월 22일)
주소 서울 강남구 영동대로 315, 비1층(대치동)
문의 02-2002-9880
블로그 the_denstory.blog.me
ISBN 979-11-85716-68-8 03400
값 15,000원

Denstory는 ㈜알피스페이스의 출판 브랜드입니다.
파본이나 잘못된 책은 구입하신 곳에서 바꿔드립니다.

이 도서의 국립중앙도서관 출판예정도서목록(CIP)은 서지정보유통지원시스템 홈페이지
(seoji.nl.go.kr)와 국가자료공동목록시스템(www.nl.go.kr/kolisnet)에서
이용하실 수 있습니다. (CIP제어번호 : CIP2018027921)